青少年 科普知识 读本

打开知识的大门，进入这多姿多彩

鲜为人知的
月球奥秘

玲珑◎编著

河北出版传媒集团
河北科学技术出版社

图书在版编目(CIP)数据

鲜为人知的月球奥秘/玲珑编著. --石家庄：河北科学技术出版社，2013.5(2021.2重印)

ISBN 978-7-5375-5877-8

Ⅰ.①鲜… Ⅱ.①玲… Ⅲ.①月球-青年读物②月球-少年读物 Ⅳ.①P184-49

中国版本图书馆 CIP 数据核字(2013)第 096464 号

鲜为人知的月球奥秘

xianweirenzhi de yueqiu aomi

玲珑 编著

出版发行	河北出版传媒集团
	河北科学技术出版社
地 址	石家庄市友谊北大街 330 号(邮编:050061)
印 刷	北京一鑫印务有限责任公司
经 销	新华书店
开 本	710×1000 1/16
印 张	13
字 数	160 千字
版 次	2013 年 6 月第 1 版
	2021 年 2 月第 3 次印刷
定 价	32.00 元

前言 Foreword

古往今来，浩渺无垠的宇宙唤起了人类无尽的遐想，从远古的蛮荒时期到今天的信息时代，从神话故事"嫦娥奔月"到人类踏上月球，人类探索宇宙的步伐从来没有停止。月球，是在太空中离地球最近的忠实伴侣，即使在今天，对于人类来说它依然充满了神秘色彩。

自从人类成功地登月，在人类认识月球的漫漫长途中跨出了革命性的一步，关于月球的诞生和成长以及它与地球和太阳系其他星球之间不可完全预知的关系令人迷醉而神往。

在本书中，作者介绍了月球的起源、月球的面貌、人类对月球的认识、人类对月球的探索历程等，同时也介绍了历史上的各种研究和推测，再加上各种关于月球的图片，将使青少年读者轻松接近月球的秘密。本书力求把当今世界的高新科学技术的新成就展现在青少年读者面前，广大青少年读者领略当今世界先进科技成果的同时，不仅可以从中学习先进的科学知识、科学思想和科学的思维方法，而且还

能够培养自己的社会实践能力和创新能力。

　　月球上还有太多的惊奇在等我们去探索呢！充满魅力而又神秘的月球，背面到底隐藏着什么秘密？本书从科学的角度全景剖析月球的奥秘，带你走进一个不为人知的神秘世界。

前言

Foreword

鲜为人知的月球奥秘

目录

月球，我们的近邻

关于月球	2
关于月球的几种假说	4
月亮真的离地球越来越远吗	9
中秋节的月	12
月球是地球的寄生虫吗	14
人类与月球的关系	17
月球是地球的卫星吗	20
让人不可思议的"野月亮"	22
美丽壮观的天象	25

月球的地貌

壮丽荒凉的月球	28
环形山	32
环形山续集	34
月球岩石的年龄有多大	37
月海不是真正的海	43

Contents

月面上的神秘红色斑点……………………47
月陆和山脉……………………………………49
探秘月海盆地…………………………………51
探秘月谷和月溪………………………………53
月球上的美丽的亮带——辐射纹……………55
月球上的"风暴洋"……………………………58
探秘月球上的火山……………………………62

探索月球奥秘

月球上鲜为人知的秘密………………………66
至今未解的月球藏秘…………………………68
月球隐藏的未知秘密…………………………70
月球是空心的吗………………………………72
月震是怎么一回事儿…………………………74
有关月震之谜…………………………………76
令人难以捉摸的月球磁场……………………79
月球上的神奇辉光……………………………83
月球旋转能量来源……………………………86
月球的巨大魔力………………………………89
探索月球上的智慧动物………………………93
月球上真的有月球人存在吗…………………96

鲜为人知的月球 奥秘

目录

人类太空之旅 …………………………… 153
人类的登月之梯——火箭 ………………… 156
阿波罗神迹 ……………………………… 161
鹰起鹰落 ………………………………… 165
"月球号"率先成功登场 ………………… 174
辉煌过后的沉寂 ………………………… 179
飞行试验前仆后继 ……………………… 181
酝酿了10年的探月计划 ………………… 184
"嫦娥"奔月,不再只是神话 …………… 189
探月后,人类的种种疑问 ………………… 193
开拓月球的诱人前景 …………………… 196
在月球上建立人类小区 ………………… 199

Contents

月球上有水存在吗	101
如果月亮消失了会怎样	105
月宫科考的"智能管家"	110
探秘月球真相	113

月球上丰富的矿产资源

丰富的矿藏	122
月球的研发前景	125
月球上的天然金属	127

飞向月球

人类最早的登月幻想——嫦娥奔月	130
人类的登月行动	132
人类艰难的探月历程	134
飞向月球	137
美国无人探月之旅	141
踏上月球	144
踏上月球后，人类的特殊感受	148
前苏联的探月史	149

月球，我们的近邻

月球奥秘

鲜为人知的月球奥秘

关于月球

"床前明月光，疑是地上霜。举头望明月，低头思故乡。"李白的这首《静夜思》，不知为多少代人所吟诵。它反映了诗人对皎洁月光的赞美，更抒发了游子的思乡之情。古往今来，以月亮为题抒情感怀的文人墨客数不胜数。

"嫦娥奔月"的故事在民间广为流传，可以说是家喻户晓，妇孺皆知。每当盛夏的夜晚，老奶奶总是一边摇着扇子，一边给小孙孙讲述着这个古老的故事：巍峨的广寒宫，寂寞无助的嫦娥，被吴刚砍了又长，长了又砍的桂花树，三条腿的蛤蟆，会捣药的小白兔……

在古希腊的神话中，月亮女神的名字叫阿尔特弥斯，她不但有花一样的容

貌,而且武艺非凡,常常背着弓箭在山林中追捕猎物,所以又是狩猎女神。

月球在我国古代诗文中有许多有趣的美称:

玉兔(著意登楼瞻玉兔,何人张幕遮银阙——辛弃疾);夜光(夜光何德,死则又育?——屈原);素娥(素娥即月亮之别称——《幼学琼林》);冰轮(玉钩定谁挂,冰轮了无辙——陆游);玉轮(玉轮轧露湿团光,鸾珮相逢桂香陌——李贺);玉蟾(凉宵烟霭外,三五玉蟾秋——方干);桂魄(桂魄飞来光射处,冷浸一天秋碧——苏轼);顾菟(阳乌未出谷,顾菟半藏身——李白);婵娟(但愿人长久,千里共婵娟——苏轼)。此外,月球还有许多别致的雅号,如玉弓、姮娥、玉桂、玉盘、玉钩、玉镜、冰镜、广寒宫、嫦娥、玉羊等。

关于月球的几种假说

自古以来,月亮在人们心目中的地位仅次于太阳。晴朗的夜晚,皓月当空,令人生出无限的情思遐想,文人墨客更是赋予月亮许多的笔墨。北宋词人苏东坡《水调歌头》中的"明月几时有?把酒问青天。不知天上宫阙,今夕是何年?" 唐朝诗人张若虚《春江花月夜》一诗中的"江上何人初见月,江月何年初照人",都可称得上是脍炙人口的咏月佳句。

月球是离我们最近的一个天体,月球中心与地球中心的平均距离只有38.44万千米,相当于地球半径的60倍,或相当于9次多环球旅行的行程。

月球的平均直径是347.8千米,大约是地球直径的1/4。月球的面积是3800万平方千米,差不多是地球面积的1/14,比我们亚洲的面积略大一些。

月球的体积是220亿立方千米,地球的体积几乎比它大49倍。月球的质量大约是地球质量的1/81,也就是7350亿亿吨。月球的平均密度是每立方厘米3.34克,只及地球密度的60%,相比之下,月球不如地球瓷实。

天文学家对月球的位置、运动规律和物理性质作了周密的研究。随着科学技术的突飞猛进,天文学家又利用人造地球卫星、无线电技术、激光技术和计算机技术对月球作了进一步的测量和考察,取得了大量更新、更丰富的资料。

尽管如此,对"月球起源"这个十分古老的问题,今天的天文学家仍然是众说纷纭和语焉不详。这也难怪,对生我们养我们的地球,人类研究了几个世纪,现在不也照样对它的起源知之甚少吗?

月球是怎样形成的?撇开人类早期那些不着边际的神话,如果将18世纪以来的月球起源假说归纳起来,可以分为三类,即同源说、分裂说和俘获说。

同 源 说

同源说是最早出现的一种月球起源假说，它主张月球和地球具有相同的起源。18世纪法国天文学家布丰是这类起源说的最早代表。布丰认为：太阳系的所有天体起源于一次彗星对太阳的猛烈碰撞所撞下来的太阳碎块。稍后，德国的康德和法国的拉普拉斯提出了著名的太阳系起源的"星云说"，认为月球和地球都是同一团弥漫物质形成的。这团弥漫物质的大部分形成地球，小部分形成月球，或者地球形成后剩余的物质形成了月球。按照这种理论，地球的年龄和月球的年龄应该不相上下。

科学家对"阿波罗"宇航员从月面采集的月岩样品做了放射性年代测定。结果证明，月球形成的时间和地球形成的时间相同，都形成于46亿年前。在这一点上，同源说获得了实验的支持。但同源说却无法解释为什么具有相同起源的地球和月球，在物质组成上显著的差异。它们的密度为什么不同，它也无法解释。与太阳系其他行星的卫星相比，月球所具有的一系列特征。譬如，其他卫星与中心行星的质量比都小于1/10 000，而月球与地球的质量比却高达1/81，这在太阳系中没有第二例。同源说显然要对太阳星云中的地月形成区情况，做相当多的规范才行。

分 裂 说

英国著名生物学家、"进化论"创始人达尔文之子乔治·达尔文，是英国剑桥的一位天文学家。他在研究地—月间的潮汐影响时，注意到由于潮汐作用，地球的自转速度在逐渐变慢，月球在逐渐远离地球。他由此推断月球在远古时一定离地球非常近。乔治·达尔文在1879年发表了题为"太阳系中的潮汐和类似效应"的文章，提出月球在形成之前是地球的一部分。他认为，在太阳系形成初期，地球还处于熔融状态时，地球的转速相当高，以致有一部分物质从赤道区被甩了出去，后来，这部分物质演化成为今天的月球，甚至还认为太平洋就是月球分出去后留下的疤痕。

有不少人支持达尔文的观点。据计算，月球的物质刚好能填满太平洋。

5

支持者们认为，分裂出去的是上地幔里的物质，因此月球没有地球那样的金属核，密度与地壳接近也就变得合情合理了。另外，现代激光测距定出月球每年远离地球5厘米，因而在遥远的过去，月球确实离地球近多了。

但是，这个罗曼蒂克的假说也遇到了重重困难。譬如，马尔科夫在研究太阳系中各天体时，注意到天体的扁率与它的自转速度、密度有关。要使地球上的物体在离心力作用下飞离出去，地球的自转速度必须是现在的17倍。

然而根据地—月系现状和角动量守恒定律，推算出的46亿年前的地球自转率并不是那么快。况且，如果月球是从地球上飞出去的，那么，月球的轨道应该位于地球的赤道面上，而事实却不是这样。另外经过研究证明，熔融状态的地球根本不可能分出一部分物质去。即使退一步说，月球是从地球分裂出去的，那么在刚分出去的时候，也一定会受到地球的引力作用而产生很大的潮汐，最后还是会重新落到地球上来的。再有，对太平洋底部的研究，证明它和其他海洋底部的结构相同，由洋底沉积的厚度及沉积速度来看，太平洋的年龄只有1亿年，和月球的年龄相差悬殊。

俘 获 说

鉴于同源说和分裂说所遇到的困难，瑞典天文学家阿尔文提出了"俘获说"。该假说认为：月球和地球是在不同的地方形成的，一次偶然的机会，地球把运行到附近的月球俘获，成为自己的卫星。有人甚至干脆认为月球就是被地球俘获的小行星。这个颇富戏剧性的假说得到多数科学家的赞成，它很好地说明了地球和月球在物质组成上的差异，和不同于太阳系其他卫星的特征。

然而和上述其他两种假说一样，俘获说也有难以自圆其说的地方。首先是月球太大，地球俘获如此之大的一个天体是很难想象的，即使能抓住，轨道也不会像现在这样规则。

上述三种月球起源假说，可以说各有千秋，都能或多或少地解释月球的成分、密度、结构、轨道及其他基本事实。从目前来看，除分裂说遇到致命的问题，似乎难以成立外，俘获说和同源说这两种假说究竟哪一种更合理一些，还无定论。现有假说的困难，迫使天文学家不得不另辟蹊径，提出新的起源假说。

"大碰撞"假说

美国科学家本兹·斯莱特里,以及卡梅伦,于1986年3月在美国休斯敦举行的一次月亮和行星讨论会上,提出了一个崭新的、摆脱了上述三种假说框框的月球成因假说。

该假说认为:在太阳系早期,行星际空间有大量的"星子",星子经过碰撞、吸积而逐渐变大。大约在相当目前地—月系统存在的空间范围内,形成了一个质量大约相当于现在地球质量9/10的原始地球,和一个火星般大小的天体。这两个天体在各自的演化中,均形成了以铁为主的金属核和以硅酸盐组成的幔和壳。由于这两个天体相距不远,一个偶然的机会,这两个天体发生了碰撞,剧烈的碰撞不仅使地球的轨道发生了偏斜,而且使火星般大小的撞击体碎裂,壳和幔受热蒸发,膨胀的气体"裹胁"着尘埃飞离地球。这些飞离的物质中还包括少量的地幔物质。火星般大小的天体碰撞后,被分离的金属核因受飞离的气体阻碍而减速,被吸积在地球上。

飞离的气体尘埃受地球的引力作用,一部分处于洛希极限内,一部分落在洛希极限外,呈盘状物出现。位于洛希极限外的物质通过吸积,先形成几个小天体,最后不断吸积,像滚雪球似的,形成了月球。

这一新的"大碰撞"假说,在某种程度上兼容了三种经典假说的优点,并得到了一些地球化学、地球物理实验的支持。

由于大碰撞假说认为,月球是撞击后飞离的物质凝聚而成,这样就不必要求月球的运行轨道非要与地球赤道面重合不可。此外,由于月球的大小取决于飞离物质的多少,因此也不必考虑为什么地、月的质量比远大于其他行星和它的卫星了。

从物质组成看，由于该假说认为月球是由碰撞体和少量地幔组成的，这就解释了月球密度为什么较低，没有像地球那样的金属核。另外由于碰撞所产生的高温使易挥发的元素蒸发掉，从而也解释了月球上为什么富集难熔元素，而缺少易挥发元素。

目前，大碰撞假说还未得到天文学家的普遍承认，要做到进一步改进和完善，这需要做很多工作。

天文学家无论是在讨论经典假说还是大碰撞假说时，都把月球看做是地球的一颗卫星，而不久前有人提出了一个新奇的观点，认为月球原来是太阳系的一颗行星。

月球，我们的近邻

月亮真的离地球越来越远吗

月亮离地球有 38 万千米之遥。科学家在研究地球上一种罕见的"玻璃体"时，没想到竟然在月亮上找到了答案；而当科学家在研究生活在太平洋中的鹦鹉螺时，却又发现月亮正悄悄离地球而去。

1787 年以来，在中国、美国、菲律宾、象牙海岸和澳大利亚等地，先后发现了一种细小的"玻璃体"，有淡绿色的，也有棕黄色的，一般像胡桃大小，最小的像米粒，最大的像柚子。它们的形状也多种多样，有的呈球形，有的呈扁圆形，而且含水量比任何岩石都低。

这种自然玻璃体在地球上是罕见的，它们是从哪儿来的呢？许多年来，科学家们一直在寻找它的来源，但始终是个谜团，无法找到答案。有人说，这些玻璃体是陨石从地球外面进入大气层时重新熔化后形成的，所以叫它"玻璃陨石"；也有人说，大陨

石撞击月面时产生的高温和高压引起爆炸，使岩石粉末和石块抛向四面八方，形成了辐射纹，其中一部分飞离月亮，落到了地球上。

1961 年，"阿波罗 11 号"登上月亮以后，人类的足迹在月亮上出现。在月亮上，人们发现这种玻璃体到处都有，俯拾即是。"阿波罗 11 号"取回的月尘样品中，玻璃体占了 1/2。玻璃体有着不同的形态，有球形、椭球形、拉长状、不规则哑铃状，表面还有着许多大小不等的空洞，这就足以证明地球上的玻璃体来自月亮。

1978 年 10 月，英国《自然》杂志报道，美国地理学家普林斯顿大学的卡

9

姆和科罗拉多州立大学的普姆庇对鹦鹉螺进行了研究，解剖了千百只鹦鹉螺后，发现它们是一种奇妙的"时钟"，外壁上的生长纹默默地记载着月亮在地质年代中的变化历程。

这又是怎么回事呢？原来，生活在太平洋南部水域里的一种鹦鹉螺，是地球上的"活化石"。它是一种奇异的软体动物，身上背着一个大贝壳，外貌同蜗牛有点相似，外壳呈灰白色，腹部洁白，背部有棕黄色的横条纹。壳内由隔膜分隔成许多"小室"，最外的一个小室最大，是它居住的地方，叫"住室"。以后的其他小室，体积较小，可贮存空气，叫做"气室"。隔板中央有细管连通气室和肉体。鹦鹉螺依靠调节气室里空气的数量，使自身在海中沉浮，夜间来到洋面吸取氧气，白天就转移到海洋深处，改为厌氧呼吸。鹦鹉螺在吸取氧气的时候，要分泌出一种碳酸钙，并在它的贝壳出口处储存起来。白天，在厌氧呼吸过程中，碳酸钙会慢慢地溶解，并留下一条条

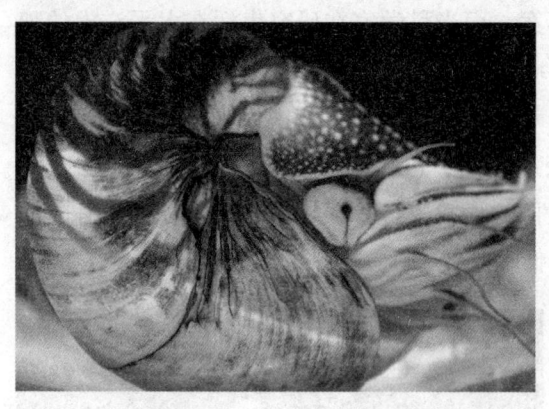

小槽——生长纹。

有趣的是，鹦鹉螺的壳很大，由许多弧形隔板分成许多个小室，每个气室之间的生长纹约30条，同现代的朔望月十分接近。生长纹每天长一圈，气室一个月长一隔。

两位美国学者还考察研究了新生代、中生代和古生代的鹦鹉螺化石，发现同一地质年代化石生长纹相同，不同地质年代化石的生长纹就不同：新生代渐新世的螺壳上是26条；中生代白垩纪的螺壳上是22条；侏罗纪的螺壳上是18条；吉生代石炭纪的螺壳上是15条；奥陶纪的螺壳上是9条。由此，人们可以设想到，在4亿多年前，月亮绕地球一周是9天，而随着时间的变迁，月亮的公转周期，逐渐变成15天、18天、22天、26天，而现在则是29天多。

他们还作了进一步推算，所得的结果是4亿年前，月亮和地球之间的距离只是现在的43%左右，7000年来，月亮以每年94.5厘米的速度在离地球远去。

月亮是地球的天然伴侣，从它开始围绕地球旋转第一圈的时候，就已经存

在离开地球的可能，只是因为它被地球强大的吸引力给"挽留"住，所以没能很快离开，那么，今后会怎样呢？另一些科学家通过对日食的观察，根据3000年间的天文记录的计算，发现月亮正在以每年5.8厘米的平均速度，慢慢地离地球远去。

科学家得出的月亮脱离地球的速度虽然不同，但一致的是，月亮正在缓慢地离地球而去，长此下去，月亮在千百万年、几亿年甚至几十亿年以后会飞离地球，逃之夭夭。到那时，随着科学的进步，人类有可能运用自己的智慧来挽留这颗美丽的星球。

中秋节的月

中秋节是我国人民很重视的一个阖家团圆的节日。

晴朗的中秋节晚间,一轮圆月高高挂起,天空也好像被洗过了似的,湛蓝湛蓝的,洒在地上的银白色月光,给人宁静、安谧的感觉。怀着舒畅和美满心情的人们抬头望明月,觉得月色特好,月亮格外明亮。"月到中秋分外明"的说法流传得非常之广。

一般说来,中秋前后是一年中天气最好的季节。在这之前,在夏季的很长一段时间里,从海洋上吹来的、湿度很大的暖空气,一直滞留在我国好些地区的上空,月光是很难穿过云层和它所含的水汽的,所以我们从地球上看月亮,

觉得它好像老是披了一层薄薄的白纱,发出柔和的光辉,但并不那么皎洁。

每年农历八月之后,从北方吹来干燥而有点寒意的空气,把暖而湿的空气驱跑了,天高气爽,天空透明度加大,人们觉得月亮也似乎变得分外明亮了。

从天文学的角度来说,谈论像中秋月那样的满月亮度,至少要考虑这么几个问题:它的反照率、它是否最圆、距离远近也就是圆面大小等。

月亮自己不会发光,它只是反射了太阳光。月亮的反照率不高,只有7%,或者说,月亮只把从太阳那里得到的7%的太阳光反射了出来,不管是这次中秋时的满月还是其他什么时候的满月,都是这样。所以,我们不必在这一点上作特别考虑。

关于月亮是否圆，就应该说明白了。农历每个月的十五叫做望，这一天的月亮就叫做望月，这些都没有问题。习惯上人们都把这一天的月亮看做是最圆的，而实际上，这是不对的。问题在于应该明确农历中的这个"望"和"望月"，与天文学上有着确切定义的"望"和"满月"，并不是完全一致的。

从地球上看太阳和月亮，它们相差180°就叫"望"，因此，在天文学的书里，"望"有一个非常确定的时刻：哪天几时几分。这一时刻，月亮最圆。那么，这时刻是不是就在农历望的那一天呢？有可能，但在多数情况下则不是，它往往是在农历每个月的十六，甚至在十七。说实在的，农历八月十五而恰逢天文学上的"望"的机会不多，通常是十六的月亮比十五的更圆。

举例来说：农历乙亥年是猪年，相当于1995年1月31日到1996年2月18日，因碰上闰年，有十三个月，从农历来说，这十三个月的每月十五都是"望"。从计算历法的天文台来说，这十三个相应的天文学上的"望"的时刻，在农历十四的有一次，十五的三次，十六的七次，十七的两次。下一个农历年是丙子年，是鼠年，有十二个月，相当于1996年2月19日到1997年2月6日，十二个相应的天文学上的"望"在农历十五和十六的各五次，有两次在农历的十七。这充分说明，在多数情况下，天文学上的"望"不在农历十五，农历十六的月亮往往比十五更圆些。

至于同样是天文学上的那个"望"，满月的大小也不一致，这就得说说它的距离了。满月而离得比较近的时候，当然比远的时候要大些。我们已经说过，月亮绕地球运转的轨道是椭圆形的，在轨道近地点时离地球35万多千米，远地点时约40万多千米。月亮从轨道上的近（远）地点出发，转了一圈之后再回到近（远）地点来，平均需要27日13小时多，可是从一次满月到下次满月的时间是29日12小时多，两者相差2天不到一些。这就告诉我们：同样是一次满月，由于与地球之间距离的变化，月亮的大小也是不一样的。

只有既是满月，月亮又是在近地点附近，它才是又圆又大。这怎么可能每年都赶在中秋节之夜呢！

至于某一年的中秋月亮究竟什么条件、什么情况，得具体分析，看它离天文学上"望"的时刻有多长、离轨道近地点有多远，此外还有些别的条件。

尽管如此，我们完全可以照常喜欢中秋月亮，沐浴在清澈的月光中，欣赏唐代大诗人的诗句"一年明月今宵多"，或者"举头望明月，低头思故乡"。

13

月球是地球的寄生虫吗

月有阴晴圆缺，世界上很多美好的故事和感情都和月亮相关。但如果月球真的永远地从我们的视野里消失，可能我们大多数人都会感到失落。可是，五名俄罗斯科学家认为月球是地球的一只体格庞大的寄生虫，月球强大的引力导致地球自然灾害不断。

美国在20世纪50年代考虑在月球上引爆原子弹，摧毁月球只需要在俄罗斯的"联盟"型火箭上装上6000万吨级的核弹头，然后将它们射向月球即可。

月球是地球的一颗卫星，自古以来，阴晴圆缺，它一直陪伴着我们。然而，五名俄罗斯科学家对月球却有另一种看法，他们不仅认为月球是地球上发生的许多自然灾害的祸源，还向俄政府提出了一项令人瞠目结舌的建议：将月球摧毁！

摧毁月球！无论是谁，只要听到这几个字，一定会认为这是某部科幻片中的情节，要么就是提出这一建议的人是个疯子，而且其疯狂的程度非语言可以形容。然而，"摧毁月球"既不是科幻片中的情节，提出这一建议的科学家也自认为他们不是疯子。他们都是俄罗斯响当当的科学家，他们声称，提出这一建议绝非心血来潮，而是有着充分的根据，是他们经过多年研究得出的结论。

为首的科学家名叫弗拉迪米尔·克鲁因斯基。此人在世界物理学界的名气并不是很大，但在俄罗斯却是一位受人尊敬的天体物理学家，也是"摧毁月球"计划最坚定的支持者。他指出，俄罗斯位于北半球，大部分国土靠近北冰

14

洋，冬季太过漫长，不仅农业生产受到极大影响，冰天雪地的生活也让许多人望而生畏。之所以出现这样的结果，长久以来被视为人类朋友的月球扮演了不光彩的角色。克鲁因斯基因此联合其他四名顶尖物理学家，展开了"月球对地球的影响"这一课题的研究，并最终提出了大胆建议：摧毁月球。这些科学家认为，摧毁月球，将使整个地球成为人类生存的天堂，俄罗斯寒冷的冬季会因此一去不复返。

克鲁因斯基表示，很多人听到摧毁月球的设想后大吃一惊，这是可以理解的，毕竟千百年来，月亮在人们的心目中建立起了自己的"声望"。可是稍微有些天体物理学常识的人都知道，月亮其实是地球的枷锁，它就像一个链球，紧紧地拉着地球，使得地球的自转速度变慢，使得海潮起起落落。所以，说月球是地球的一只体格庞大的寄生虫并不为过。

那么，摧毁月球对地球乃至人类究竟有哪些好处呢？克鲁因斯基解释说："消灭月球，人类就消灭了饥饿，消灭了地球上许多灾难与痛苦。"这位物理学家接着分析说，月球强大的引力将地球拉歪了，使得地球在自转的同时，以一种笨拙的倾斜的姿势绕着太阳转，因此使得地球上的气候变化无常。

在俄罗斯，每到冬天，寒气逼人，几乎一切作物都停止了播种与生长。在同一时间，无情的旱灾会肆虐非洲大陆。

只要将月球摧毁，地球也就不再倾斜。如果地球的倾角变成0°，这就意味着季节变化从地球上消失，整个地球就会拥有适宜的气候，有些地方则会拥有永恒的春天。到那个时候，现在的沙漠会变成绿洲，农作物会茁壮成长。全世界的孩子们也就不会忍饥挨饿，他们的脸上会重现灿烂的笑容。

摧毁月球的难度不大。事实上，"摧毁月球，造福人类"这一惊人构想早就有人提出过。在1991年，《世界新闻周刊》便报道说，美国爱荷华州立大学数学教授亚历山大·阿比安就曾提出类似的想法。当时，阿比安在接受这家周刊的采访时口气异常坚定地说："我现在无法预测人类何时会摧毁月球，但这件事似乎是不可避免的。"

阿比安同样是从为人类造福的角度提出摧毁月球这一建议的。

《纽约时报》援引当年负责对这一计划进行绝密研究的科学家莱昂纳德·雷费尔的话说，美国空军是在月球上引爆原子弹计划的支持者，因为苏联于1957年成功地发射了世界上第一颗人造地球卫星，在航天方面，美国人落在了苏联人的后面，在月球上引爆原子弹，可以提升美国人的信心。然而，经过仔细权衡，美国空军高层认为这一计划的风险已经远远超过了从中获得的好处。因此，在月球上引爆原子弹的计划才以流产告终。

那么，在人类现有的条件下，是否有可能使月球从宇宙蒸发呢？克鲁因斯基认为，现在的问题不是人类有没有能力摧毁月球，而是俄罗斯和其他国家是否同意这么做。他指出，摧毁月球计划并不复杂，只需要借助核武器就能把地球从月球的阴影下解放出来。

克鲁因斯基透露，摧毁月球对于今天的人类来说，是一件非常简单的事情。只需要在俄罗斯的"联盟型"火箭上装上6000万吨级的核弹头，然后将它们射向月球即可。他说："我们（俄罗斯）现在拥有成百上千枚核武器，这些可怕的武器不仅没有多少实际用处，而且关于裁减核武器的谈判还耗时费力。用它们来摧毁月球，也算是为人类造了福。"

据悉，这五名科学家已经把他们的建议郑重地提交俄罗斯政府。克里姆林宫一个不愿透露姓名的内部人士表示，这一建议不仅让政府高层觉得新鲜，也给他们留下了深刻印象。政府向这些科学家许诺，将对这一建议的可行性进行认真研究。

原来，月球竟然是地球的寄生虫，可是如果真的摧毁了月球，宇宙一定会发生一些变化。这些变化是好是坏？我们无法预知。我们只希望科学家能慎重考虑，然后再做决定。

人类与月球的关系

月亮与人生

天体中与我们地球关系最密切的是太阳,其次就是月亮了。自古以来,有多少文人墨客在吟诵、描绘月亮,抒发自己的情思。比如:唐代诗人李白的"举头望明月、低头思故乡"几乎人人会背。宋文学家苏东坡的《水调歌头》词更是脍炙人口,"人有悲欢离合,月有阴晴圆缺,此事古难全。但愿人长久,千里共婵娟",表达了多少人企盼团圆的愿望。

明月当空照,常给人以舒畅、欢乐的心情,而在没有月亮的晚上,人们的心情容易是忧郁、沉重的。月亮跟人生的关系或许是相当密切的。

"涛之起也,随月盛衰",沿海的潮汐活动就是主要由月亮的引力作用产生的。海水有规则的涨落,给人们的渔业生产与航海提供了方便。

月亮既然有能力对海洋的水体起作用,那么,它对人体中的血液及其他液体,也应有所作用(人体中水分占80%以上)。研究表明,月亮对人体的作用或影响是多方面的。

就月球相对于地球与太阳的位置来说,是四个关键的日子,就1990年间住院患者的精神状态分析,发现周期性的精神病率在满月时最高;酗酒闹事者亦在满月时为最高。

张巨湘在《月相在灾害事故中的重要地位》(刊《灾害学》1991年第2期)一文中,列举了大量的资料,说明几大类重大事故(大型厂矿火灾、客车翻车与撞车、火机失事、大型海轮海难、火车严重事故)都跟月相有一定的关系,并指出,在4个关键日当天及其前后各一天(共3天)内是事故的高潮。他还提出几种解释,比如生物的潮汐效应(类似于海水的潮汐)电磁干扰等。

这些问题，都有待进一步研究。赵景明在1989年探讨月球对人体的影响时，认为是人体内存在有月球控制的生物潮汐点。人体内有80%水分。月球对人体的引潮力作用，可能影响人体的水分变化，导致了情绪兴奋和抑制出现，因而产生与平常不一样的行为事件。

还有人认为人体是磁场，内外磁场一般处于动态平衡。当朔、望时，日—月—地处于一线时，人体受月球等外界磁场急剧冲击，而失去平衡，使人脑功能受到干扰而出现周期性的情绪变化（类似于共鸣作用）。大脑的机能紊乱，判断力下降，会导致交通失控，引发交通事故。

美国科学家阿·利·韦伯在《月球的影响》一书中指出，月亮和其他外天体对我们中的一些人有直接影响，对多数人有潜在影响。这种看法已为不少事例所证实，值得注意。

天文潮汐与地球

在月球和太阳引潮力作用下，海洋水面发生周期性涨落的现象叫做海洋潮汐。蔚蓝色海洋，烟波浩渺，运动不息。其中最常见的运动形式就是海洋水面按时涨上来，落下去，落下去，又涨上来，天天如此，这就是人们常说的"大海呼吸"，不过，科学名称叫"海洋潮汐"。

什么力量能使海洋水面涨落呢？我们祖先很早就注意到这种潮汐现象与月球有着密切关系。东汉哲学家王充明确指出："涛之起也，随月盛衰。"

但古人还不知道其中的道理。直到牛顿发明万有引力定律以后，才找到潮汐的原因。

万有引力告诉我们：宇宙中一切物体之间都存在着互相吸引的力量。月球是距离地球最近的天体，它与海水运动关系最大。月球吸引地球，地球拉着月

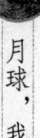

球，它们相互吸引的同时，又各自绕地月系统的质心做圆周运动，于是又产生排斥力。当吸引力大于排斥力时，在吸引力作用下，海水便向着月球方向聚集堆积，渐渐升高，形成高潮；在与月球相反的另一面，排斥力大于吸引力，在排斥力的作用下，海水又要向背着月球的方向聚集堆积，也同样形成高潮。至于这相对方向的中间地方，由于海水被两端拉走，就要慢慢降低，形成低潮。这样，涨面就变成与鸡蛋一样的椭球形状。地球每天自转一周，所以在大约一昼夜时间里，海水一般有两次涨潮，两次落潮。在天文学上称天文潮汐。

天文学家根据自身的实际体会和观察天文潮汐对一些人的实际影响认为，每月的朔日和望日的引力，并不都是最大的，在有的月份，似乎是朔、望日的前一天引力最大。究竟是不是这样和为什么这样，还需要天文工作者做进一步研究。除了月球和太阳的引力之外，太阳系的其他天体对地球也有引力，都是天文潮汐引力的组成部分，只是都比较小，有时仅作为月球、太阳对地球引力的叠加因素，这里不作详述。天文潮汐对人类和地球产生了各种各样的影响，从而在地球上和人类中发生奇异万千的、有规律的现象。

月球是地球的卫星吗

从地球上看太阳和月亮，几乎一样大，是同样显著的天体。太阳是白天主角，金光灿烂；月亮是夜晚明星，明亮皎洁。因此，古人曾长期把太阳和月亮相提并论，日月同辉。然而，现在我们知道月球无论从哪方面都无法与太阳平起平坐。日月并提只因月球是离地球最近的天体。

月球距地球384 400千米，如果坐波音飞机飞到月球，要连续不断地飞12天左右，这种距离在太阳系里可以说是近在咫尺。太阳距地球是1.5亿千米，是月地距离的390倍。

月球离地球近，看起来大小和太阳差不多，月球在大卫星世界中，其大小还能占据一席之地。在太阳系的这些卫星中，它们明显地分为两大类。66颗卫星中，有7颗称得上是"大卫星"，直径在3000～6000千米，可与大行星之一的水星媲美。另外的卫星直径大多在1000千米以下，非常小，有的直径只有几十千米，被戏称为"飞行的大山"。

在七颗大卫星中，月球列第五，仅次于土卫六5120千米、木卫三5276千米、木卫4820千米、木卫一3632千米。月球直径为3476千米，是地球半径的1/4，是太阳半径的1/400。现在，半径只有太阳1/400的月球，距离地球比太阳近390倍，因此，太阳看起来和月球一般大。

月球本身不发光，夜晚的"明亮"效果是反射太阳光的结果。月面真实颜色是灰黑的，虽然月面吸收了93%的太阳光，但反射率仅7%，不过其亮度可与白天的太阳相媲美，足够人们欣赏。

月球质量是地球的1/8，半径是地球的1/4。据此，人们知道月球表面引力很小，月面重力是地面重力的1/6，登月的宇航员对这一点感受很深，他们觉得整个人像要飞起来似的，轻飘飘的。你可以轻而易举地飞檐走壁，也可以扮一回力举千钧的力士。你在地球上举起50千克重物，到月球上便能举起地球上300千克的重物。一切的举止动作像电影中的"慢动作"一样轻灵飘忽。因为重力小，所以月球无法保持住大气。月球上比真空还要真空，所以无大气的月球又呈现出地球所没有的景观。

月球的昼夜都是突然来临的。月球面对太阳的一面光明而酷热，比地球上看到的太阳明亮千百倍，温度可达127℃，石头热得烫手；背对太阳一面却十分黑暗和寒冷，温度可一直下降到-183℃，温差高达300多摄氏度。在月球上看太阳东升西落需很长时间，月球白昼长达两个星期，月亮上的一天等于地球上29天半时间，所以需要耐心地等。

月球没有空气，声音无法传播，任何人到了月球都会变得又聋又哑，宇航员在月球上也要靠无线电才能通话。月球上没有水，更没有风、云、雨、雪、电等风起云涌、闪电雷鸣的天气变化。

让人不可思议的"野月亮"

好端端的一个圆圆的月亮,突然在一个角上出现了黑影,而且还在不断地扩大,扩大到一定的程度之后,有时甚至把整个月亮都遮住了,经过一段时间之后,黑影又一步步往外退,最后是黑影全部退出月面,月亮恢复原来的样子。这是一次月食的全部过程。

也曾有人把那个突然"光临"的黑影称为"野月亮",平常我们看到的那个明亮的月亮就被称为"家月亮",月食就被叫做"野月吃家月"。

其实,我们的地球只有一个月亮,它就是地球的唯一卫星,或者叫月球。

至于那个被称为"野月亮"的黑影,它既不是月亮,更无所谓"野",它实际上只是我们地球自己的影子罢了。

地球也是一个不能自己发光的天体,被太阳照亮的半个地球是白天,得不到太阳光的另外半个地球就是夜晚。在阳光的照耀下,物体后面都拖着一条影子,地球也不例外。尽管随着地球、太阳之间距离的变化,地影有长有短,但无论是在什么样的情况下,它永远是一条紧接在地球后面的巨大无比的"尾巴"。地球的这条影子尾巴平均长138万多千米,最短也不会短于136万千米,最长则可超过140万千米。

月、地之间距离的变化范围大体是36万~40万千米。大家可以看到,月亮环绕地球运动而转到了地球背向太阳一侧的时候,只要机会合适,它就会从地球的影子中穿过,影子把一部分月亮遮住的现象也就是整个月亮都进入了地球的影子时,就是月全食。不像日环食那样,永远也不会发生月环食,道理也很简单，因为月亮穿过的地影那个部分，其直径远远超过月亮的直径，地影永远也不可能只遮住月亮的中间部分，而让它还露出一圈边来。

月食只有月全食和月偏食两种。因为地球的本影锥很长（最短也有1 360 000多千米），这远比月亮和地球之间的最大距离还要大得多，所以发生月食时，月亮只能进入地球的本影内，而永远不会进入地球本影锥尖外的伪本影中，就是说月食不会有环食现象发生。如果月亮只有一部分进入到地球本影内，即月面只有一部分被遮住，这就是月偏食。如果月面整个被地球本影遮住，这就是月全食。

由于月亮是自西向东绕地球转动的，所以在发生日食时，总是太阳的西边缘开始被月亮遮住，并慢慢向东边缘发展。一次日全食的全过程共分为五个阶段：初亏、食既、食甚、生光、复圆。月面的东边缘和日面的西边缘相外切时称为初亏，即日食过程开始的时刻；初亏过后，当月面东边缘与日面的西边缘相内切时称为食既，这是日全食开始；食既以后，当月面的中心和日面的中心相距最近时称为食甚（对偏食来说，食甚是太阳被月亮遮去最多的时刻）；当月面后西边缘和日面的西边缘相内切的瞬间称为生光，这是日全食结束的时刻；生光之后，月面继续移离日面，当月面的西边缘与日面的东边缘外切时称为复圆，日食的全过程到此结束。日偏食时只有初亏、食甚和复圆三个阶段。日环食则与日全食一样，包括初亏、食既、食甚、生光、复圆五个阶段。

月食时总是月亮的东边缘首先进入地影，当月亮与地球本影第一次外切时，这标志着月食的开始，称为初亏；初亏之后月亮慢慢进入地球本影内，当月亮与地球本影第一次内切时标志月全食开始，称为食既；当月亮圆面的中心与地

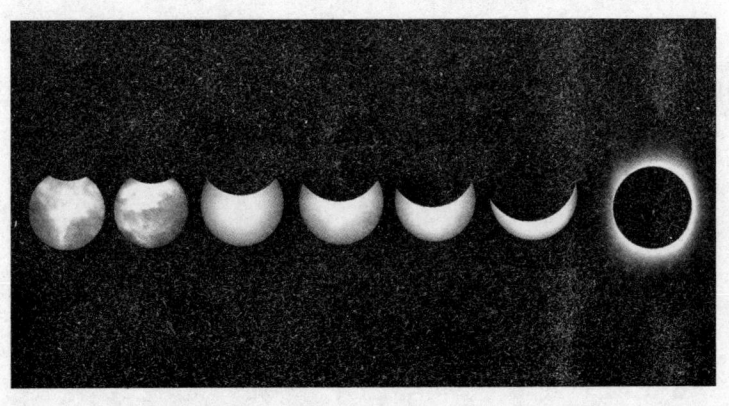

23

球本影中心最接近的瞬间，称为食甚；食甚过后，月亮慢慢在地球本影内移动，当月亮与地球本影第二次内切时，标志着月全食的终结，称为生光；生光之后，月亮逐渐离开地球本影，当月亮与地球本影第二次外切的瞬间，标志着月食整个过程的完结，称为复圆。所以，月全食也同样有五个阶段：初亏、食既、食甚、生光、复圆。而月偏食则只有初亏、食甚和复圆三个阶段。

我们在日食和月食的预报中，常常会看到"食分"这样一个词，它用来表示食甚时日面或月面被遮掩的程度。对于日偏食，食分是指日面被遮去部分和日面直径之比。以太阳的直径作为1，如果食分为0.5，就表示太阳的直径被遮去了一半。对于全食或环食，食分是月面直径与日面直径之比，很显然，日全食的食分总是大于或等于1，日环食的食分小于1。对于月偏食，食分是指在食甚时月亮直径被遮的多少和月亮直径之比。如果食分为0.7，那么就表示月亮的直径被遮去7/10。对于月全食，食分指月亮直径进入地球本影部分与月亮直径之比，所以月全食时，食分大于1或等于1。

月球，我们的近邻

月球奥秘

美丽壮观的天象

晴朗的白昼，阳光灿烂，突然间光芒四射的太阳被一个黑影遮挡住，黑影逐渐扩大，有时甚至太阳的整个圆面完全被遮住，这时黑夜突然降临大地，气温骤然下降，天空呈现一片夜色，明亮的星星显露了出来，这就是日食的整个过程。

日食，特别是日全食，是天空中颇为壮观的景象。如果把日全食的过程拍成一部电影，可以看到这样一些镜头：一个黑影从太阳西边遮来，被遮的面积逐渐扩大，当太阳只剩下一个月牙形时，天色昏暗下来，慢慢地太阳全被遮住。突然，太阳四周喷射出淡蓝色的日冕和红色的日珥。月影不断向东移去，太阳西边缘又露出光芒，大地重见光明，太阳渐渐恢复了本来面貌。

仔细观察，在日全食即将开始或结束时，太阳圆面被月球圆面遮住，只留下一圈弯弯的细线，这时往往会出现一串发光的亮点，像是一串晶莹剔透的宝珠。这是由于月球圆面边缘高低不平的山峰把太阳发出的光线切断造成的，英国天文学家倍里于 1838 年和 1842 年首先研究并描述了这种现象，所以它被称为倍里珠。

倍 里 珠

倍里珠是日食时出现的一种亮点现象。在日全食的过程中，当月球即将全部遮没日轮的瞬间，从黑色的月球边缘突然出现一个或数个发光亮点，形似一串光彩夺目的"珍珠"，或是指环上的"钻石"。这种"珍珠"的寿命异常短暂，甚至用"昙花一现"来形容它还嫌太长，只要月球继续移动一下，这种现象便立即消失。

这种现象的产生，是因为月球不是一个光滑的圆球，它的表面山峦起伏、崎岖不平。当月球即将把日轮全部遮没，或是月球即将离开日轮的刹那间，月球边缘总有1个或数个山谷和凹地成为月轮的缺口，太阳光便能穿过这些小小的缺口射向地球，形成一个或一串发光的亮点。此时，整个太阳均已失去了光辉。唯独这个缺口依然明亮耀眼，十分壮观，令人终生不忘。

由于这种亮点很像一串在黑暗的天穹上大放异彩的宝珠，也为了纪念英国天文学家倍里为解释这种现象所作出的贡献，天文学家把这种突如其来、转瞬即逝的奇景叫做"倍里珠"。除日全食外，在日环食的过程中也会发生倍里珠现象。

月球的地貌

月球奥秘

鲜为人知的月球奥秘

壮丽荒凉的月球

月球，一个美丽而神秘的地方。月球上的每一道山谷、每一块砂石都隐藏着难解的密码。

古往今来，居住在地球上的人们总是对这个白天消失得无影无踪而夜晚又闪亮登场，距离地球最近的邻居充满了好奇和想象。远古时代人们以对月亮浪漫至极的美妙幻想而自豪，时至今天人们则能够以科学严谨的理论观测和研究客观对待月球。远古的地球人类，一直把月亮看做阴柔秀美的女子。天空白天由光芒四射、阳刚壮气的男子主宰，而夜晚则由这个心地善良的女子主宰着，因此她也便有了一个官称——太阴。有一个美丽的传说，每当夜幕降临，太阴便会放出她的宠物———只白色月兔，远远观看人间的万事万物。但是实际上月球是一个崎岖不平的世界，月面上到处都是凹坑和凸出物，崎岖蜿蜒。接下来就让我们来看一下这个崎岖不平的世界究竟是什么模样。

孔雀尾巴上的圆斑

"俱怀逸兴壮思飞，欲上青天揽明月""海上生明月，天涯共此时"，月亮在古人的心目中一直是一位"绝代佳人"，她洒下温柔的月光，抚慰人间寂寞的心灵，撩拨人间炙热的爱情。直到17世纪初，月亮才被人们发现了缺憾，人类发明的望远镜给她娇媚的脸庞"毁了容"。

1609年，在荷兰眼镜商的启发下，意大利人伽利略制造了一台折射式天文望远镜，被观察物体可放大32倍。虽然和现代高明的科技手段来比，放大的倍数并不算太高，但是在当时却使天文观测活动发生了质的跨越。伽利略将这台望远镜对准了月球，他看到了月球上高耸的山脉和广阔的洼地，还看到了奇特的环形山。在他之前，人们一直以为月球是一个冰清玉洁的光滑夜明珠，而他

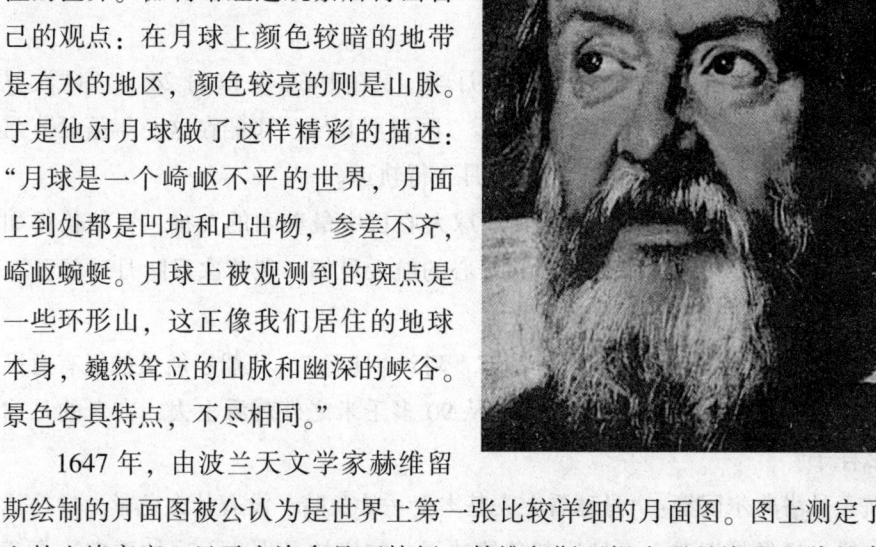

用望远镜看到的月球却像"蹩脚厨师烘烤出来的麻点蛋糕""孔雀尾巴上的圆斑",是一个崎岖不平、坑坑洼洼的世界。伽利略经过观察后得出自己的观点:在月球上颜色较暗的地带是有水的地区,颜色较亮的则是山脉。于是他对月球做了这样精彩的描述:"月球是一个崎岖不平的世界,月面上到处都是凹坑和凸出物,参差不齐,崎岖蜿蜒。月球上被观测到的斑点是一些环形山,这正像我们居住的地球本身,巍然耸立的山脉和幽深的峡谷。景色各具特点,不尽相同。"

1647年,由波兰天文学家赫维留斯绘制的月面图被公认为是世界上第一张比较详细的月面图。图上测定了月面上的山峰高度,显示出许多月面特征。赫维留斯还提出了月海和山脉的命名方法。意大利天文学家里乔利在1651年发表了一幅月面图,给月面阴暗的平地起了很多浪漫的名字,如"静海""雨海"等,有很多至今还在沿用。后来还有许多科学家都绘制过具有历史影响的月面图,像德国天文学家迈耶、施勒特尔、洛尔曼、贝尔、梅德勒和施密特,还有英国天文学家尼森,他们还撰写过关于月球的专著。在1668年,英国伟大的科学家牛顿发明了反射望远镜,在这基础之上后来的天文望远镜就越做越大,分辨率也越来越高。到了1839年,两名法国人尼普斯和达盖尔发明了照相术,这一新技术立即引起天文界的广泛关注,并将照相术应用于月球的拍摄。1879年,德国天文学家施密特出版了一套25张的月面图,图册中月面上的各个亮区和暗区都非常清楚,记录下来的环形山多达32 800多个。

到19世纪末20世纪初,真正的照相天图开始问世。自此之后所有的月面图,便都以月球的照片为根据了。美国航天局在1979年出版了多达2304张照片的一套月面图,比例尺为1∶250 000,图片细致入微,可以称之为经典之作。

鲜为人知的月球奥秘

月球的真容

越是观察得仔细，人们就越想更加深刻地了解月亮，越是想知道月亮究竟是丑陋的还是美丽的。

人类首次用肉眼近距离地仔细观看月球，是在1968年12月24日"阿波罗8号"第一次实现绕月飞行任务的时候。"阿波罗8号"飞船在这一年圣诞节前一天进入了271.2千米×97.9千米的环月飞行轨道。

没有想到的是，月球——这个在地球人心目中最美丽的女神，竟然长得如此丑陋。以致即使对月亮脸谱已烂熟于心的航天员们，在首次目睹月球的苍凉时，心理准备仍然显得有些不足。

这是一段多年前地面控制中心与"阿波罗8号"飞船宇航员的极有意思的一段对话。地面飞船通信官问道："从90多千米之外观看上去，古老的月球是什么样子？"

航天员洛弗尔回答："月球看上去基本上一片灰暗，没有什么色彩，像是熟石膏一样，又像是海滩上一种浅灰色的沙子，贫瘠的月面，无边的孤寂让人感到恐惧，并让我们更加深刻地意识到地球上是多么丰富多彩。"航天员博尔曼说："月球真的是一片不毛之地，它像一块被上百万颗子弹射击过的灰色钢板。"

"它肯定不是一个人类工作和生活的好去处。"这就是第一批近距离目击者对可怜的月球的评价。

人类历史上第一个踏上月球的航天员是阿姆斯特朗，他站在月面上说出了"个人一小步，人类一大步"的名言，却想不出任何适当的词句来形容脚下的月宫，还是他的同伴奥尔德林为他摆脱了尴尬。奥尔德林使用的词汇是——"啊，壮丽的荒凉！"

名人介绍——第一个登上月球的美国航天员

尼尔·奥尔登·阿姆斯特朗，1930年8月5日生于美国俄亥俄州瓦帕科内达市，他从小学习刻苦认真，有个理想就是长大当一名飞行员。他14岁即开始接受飞行训练，16 岁就获得飞行员证书，1949—1952 年成为海军中最年轻的飞行员。1953 年 7 月阿姆斯特朗服兵役期满后进入珀杜大学学习航空技术，毕业后在爱德华兹空军基地任试飞员，后来还参加过 X–15 火箭飞机的飞行计划，曾经先后进行过 6 次试飞，最高飞行高度纪录达到 6 万米。1962 年 9 月，经过严格挑选，阿姆斯特朗成为首批从文职飞行员中征选的 2 名宇航员之一，从此与航天事业结下了不解之缘。

1969 年 7 月 16 日阿姆斯特朗被任命为"阿波罗 11 号"飞船的指挥官。他与另外两位年轻的宇航员迈克尔·柯林斯和巴兹·奥尔德林一起进行登陆月球的飞行。到达月球后，柯林斯停留在轨道上，阿姆斯特朗乘小鹰号月球着陆器登上月球表面，避开月球冰砾，在宁静海平稳着陆。阿姆斯特朗和奥尔德林在月球表面进行了 2 小时 30 分钟的活动，进行科学实验，并采集岩石和土壤样品，留下进行实验的科学设备与纪念他们着陆的徽章。他们于 7 月 21 日离开月球，7 月 24 日返回地球。

后来，阿姆斯特朗被南加利福尼亚大学授予航空工程硕士学位，出版《首次登上月球》一书。并于 1970 年 7 月出任太空总署航空学协会副会长。1971 年，阿姆斯特朗在俄亥俄州的辛辛那提大学工作，任航空工程学教授。1979 年，阿姆斯特朗离开辛辛那提大学。1985 年，阿姆斯特朗在国家太空委员会工作。2012 年 8 月 25 日这位传奇人物逝世。

环形山

环形山，英文是 crater，希腊文的意思为"碗"。正是因为如此，"环形山"通常指碗状凹坑结构的坑。在月球表面布满的大大小小圆形凹坑，称为"月坑"，大多数月坑的周围环绕着高出月面的环形山。

环形山这个名字是怎么来的？环形山是如何命名和分类的？成因又是什么？让我们一起去探究吧！

什么是环形山

环形山是月球上最显著的特征，几乎布满整个月球表面。月面上的环形山重重叠叠、星罗棋布，中央是一块圆形平地，外围是一圈隆起的山环，内壁陡峭，外坡平缓，很像地球上的火山口，伽利略形象地将其称为环形山（英文是 crater，希腊文意为"碗"）。

环形山中间通常是一个陷落的深坑，四周则有高耸直立的岩石，高度一般为 7~8 千米。环形山大小不一，直径相差很大：小的环形山直径不到 10 千米（有的仅如一个足球场大小）；大的环形山直径则会超过 100 千米。月球表面上直径大于 1 千米的环形山有 33 000 多个，占月球表面积的 7%~10%。最大的环形山是月球南极附近的贝利环形山，直径达 295 千米，仅比我国的浙江省小一点。

环形山的命名

古代天文学家在给月球上的山川起名字时，做了这样的规定：月球上的山名用地球上的山名，月球上的环形山用世界著名科学家和思想家的名字。这一规定沿用至今。环形山中有著名的阿基米德环形山、哥白尼环形山、牛顿环形山等。

在月球背面的环形山中，有四座是以我国古代天文学家的名字命名的，分别是张衡环形山、石申环形山、祖冲之环形山和郭守敬环形山。还有一座万户环形山，是为了纪念一位传说为尝试飞向天空而献身的万户（万户是旧时一种官名）。在月球正面还有一座环形山以中国现代天文学家高平子命名，它位于月球正面 S6°、E87°。

水星上也有环形山，其中有一座的名字叫做李清照。李清照是著名女词人，也是中国历史上唯一一位名字被用作外太空环形山山名的女性。

环形山续集

环形山的构造特别复杂，种类也非常多，那么按怎样一个标准来划分如此复杂的环形山呢？

有关月面环形山的形成，人们曾做过多种猜测。目前比较公认的观点是"撞击说"。也曾有人认为月球上的环形山可能是由于火山爆发而形成的。但是根据人类登月后在月面设置的"月震仪"的探测资料得知，和地球相比，月球是一个地质不活跃的天体。在过去的46亿年间，月球从来不曾有过频繁而剧烈的火山活动。那么，月球上的环形山到底是不是火山爆发形成的呢？下面就让我们来具体看一下月面环形山究竟是如何形成的吧……

环形山的分类

环形山的构造复杂，种类繁多。按照它们形成的先后顺序，可分为古老型和年轻型两大类。古老型的环形山很不规则，并且大多已坍塌，上面重叠着圆形的小环形山及其中央峰。那些高高在上的环形山都是一些比较年轻的环形山。

一个日本学者于1969年提出了另外一种环形山的分类法，把环形山分为克拉维型、哥白尼型、阿基米德型、碗型和酒窝型。克拉维型环形山是古老的环形山，一般都面目全非，有的还是山中有山；哥白尼型环形山是年轻的环形山，常有"辐射纹",中央一般有中央峰,内壁经常带有同心圆状的段丘;阿基米德型环形山的环壁较低,可能是从哥白尼型演变而来的;碗型和酒窝型环形山是小型环形山,有的直径还不到一米。

环形山的成因

有关环形山的形成原因,众说纷纭,相对比较科学的解释有两种。

其一,月球刚形成不久时,内部的高温熔岩与气体冲破表层,喷射而出(类似于地球上的火山喷发),开始时威力较强,熔岩喷射出来又远又高,最后堆积在喷口外部,就形成了环形山。后来喷射威力逐渐变小,只在中央底部有喷射堆积,形成小山峰,就是环形山的中央峰。有的喷射熄灭得较早,或没有再次喷射,就没有中央峰。

其二,流星撞击月球造就了环形山。主张陨石撞击的人认为,距今约30亿年前,宇宙空间的陨星体很多,而月球正处于半融熔状态。巨大的陨星撞击月面时,在其四周溅出土壤与岩石,就形成了一圈圈的环形山。由于月面上没有猛烈的地质构造活动和风雨洗刷,所以最初形成的环形山就一直被保留了下来。

点击——流星

　　流星就是行星际空间的固体块和尘粒。流星在闯入地球大气圈时会同大气摩擦燃烧而产生光迹。太阳系中较大的流星闯入地球大气圈后未完全燃烧的剩余部分就是陨石。陨石可以给我们带来丰富的太阳系天体形成和演化的信息，是受人欢迎的"不速之客"。流星为何会进入地球大气圈呢？它们本来是围绕太阳运动的，经过地球附近时，会受地球引力的强大作用的影响而改变轨道，从而进入地球大气圈。

　　流星有单个流星、火流星、流星雨等几种。单个流星的出现方向和时间没有规律，故而又叫偶发流星。火流星也属于偶发流星，与单个流星不同的是，它出现时异常明亮，就像一条火龙且可能伴有爆炸声，有的甚至白昼也可见。许多流星从星空中的某一点（即辐射点）向外辐射散开，就是流星雨。

月球岩石的年龄有多大

月球上的古老岩石

美国 NASA 的专家坚持说月球岩石只有 46 亿年历史，与地球年龄类似。而其他方面的天文专家，天体物理学专家等化验后认为月球岩石的年龄远远大于地球，这就间接的证明月球不是起源于地球，也不是和地球同期的太阳系内的产物。二者结论相悖，又针锋相对。

说明月球事实上比地球古老很多，来自遥远的宇宙空间的证据有如下几个方面：

（1）科学家中有人认为月球岩石的年龄在 20 亿~70 亿年。

（2）美国 NASA 曾宣布过月球上确实存在比太阳系和地球古老的 10 亿~53 亿年的岩石。

(3) 一位获得过诺贝尔物理奖，同时又是一位研究月球的权威科学家提出，在月球上发现的某种元素比地球上的古老得多，可是他为什么无法解释这种元素是怎样来到月球的。

(4) 研究月球的专家们说年龄在44亿~46亿年的月球岩石是"月球上年轻岩石"。

(5) 科学家们根据在月球,岩石标本中发现了大量的 ^{40}氩，因而得出结论说月球年龄比太阳和地球的年龄大一倍，约为70亿年。

(6) 月面上的沙砾比月面岩石显然古老10亿年。

当宇航员们将第一批月球岩石标本带回到地球供科学家们研究分析时，他们根本没有想到，月球不但比地球古老，而且比太阳系更古老。阿尔·尤贝尔说："与月球有关的物体古老而又古老……科学家们曾推测月球，当然，不会太古老，所以当面对一个如此古老的天体时，他们没有充分的思想准备"。

在实施"阿波罗计划"过程中从月球带回月球岩石中的99%都比地球上90%的最老岩石历史更悠久，有的科学家认为在这些月球岩石中有的比太阳还古老。第一位降落在月面静海的宇航员尼尔·阿姆斯特朗信手捡得的月面岩石其历史都在36亿年以上。要知道迄今为止科学家们在地球上发现的最古老的岩石是35亿年前的东西，这种岩石是在非洲岩缝中发现的。此后科学家们又在格陵兰岛上发现了更古老一些的岩石。这种岩石可能与月面静海的岩石一样古老，是36亿年前的东西。但是历史悠久的月球岩石的发现还仅仅是研究月球历史的开始，在宇航员从月面带回的岩石中有的还是43亿年前形成的，甚至还有45亿年前的。"阿波罗11号"飞船带回的月面土壤标本表明其历史已长达46亿年。46亿年就正是太阳系形成的时候，不可思议的是这种月球土壤显然比它周围的岩石还要"年长"1亿年。

以上所述实际包含着更为惊人的事实。科学家们相信月海是月球最新形成的区域，那么月球的年龄比月海当然要古老。用科学记者理查德·路易斯的话来说就是："在地球上认为是最古老的岩石，在月球上却是新的类型。"这不令人吃惊吗？

苏联的无人月球探测器也获得了与此相同的结论。根据对从月海带回的月球岩石的调查结果，它至少与太阳一样古老，是46亿年前就形成的。

月球上的陨石年龄考探

陨石是星系形成的年代标本物。要想能正确判断太阳系诞生时间的关键证明就是陨石（陨石有46亿年的历史），而对月球岩石和土壤的研究表明，月球陨石更古老。对科学家们来说，难以理解的是在月海发现的岩石确实是月球上的新东西。

理查德·路易斯分析说："陨石就是太阳系的'方尖碑'，它们的年龄是46亿年，是由一些极其原始的成分构成的，据悉是太阳系尚处在宇宙尘埃状态时凝聚成的。"如果在月球上发现更古老的陨石，这说明月球曾经不在太阳系待过。

毫无疑问，月球给我们提出一个问题，月球原来并不是我们太阳系家族的成员。美国NASA几乎所有的科学家都固执地否定了月球比地球和陨石（更不用说太阳系了）的历史更久远。即使我们把更多的资料和证据摆到他们面前，有的科学家还是死死地抱着自己"正统"的观点不放。他们出自什么目的？不得其解。不过如果这些证据显示了另外的含义，即证实"月球——宇宙飞船"假说，那也是自然的事，并不在乎有人是否能够接受。

在实施"阿波罗计划"的初期，美国NASA的科学家们虽然说过，月球的年龄是46亿年。与太阳系的年龄大致相当，但是也许比地球要古老。哈洛德·

尤里博士也说过，无论我们如何强调地球年龄也是46亿年，这只不过是推测，还没有任何可资援引的证据。尤里博士是一位得出"根据确凿的证据，月球比我们的地球乃至太阳系都更为古老"这一结论的月球研究专家。直至今日，美国NASA都没有接受这种证据，因为它还顽固地坚持46亿年的"定论"。这里的奥妙，令人深思。

月球背面有些什么

月亮的旋转运动，在地球引力影响下，自转和公转周期是一致的。因此，月亮永远只以半个球面对着地球。

月亮的公转轨道面和地球公转轨道面有个交角，这就使月亮自转轴的南端和北端每月轮流地朝向地球，在地球上，有时能看到月亮的南极和北极以外的部分。实际上，地球上看到的月亮表面不只是半个球面，而是月亮表面的59%。还有其余的41%的月面（月亮的背面）呢？由于它始终背着地球，人们没法瞧见，千百年来，对它一直是个猜不透的谜。

真是众说纷纭，莫衷一是。有人说，月亮的背面，重力可能要比正面大一些，也许有空气和水的存在。有人预言说，可以断定那里有一片环形山，既广阔，又明亮。也有人说，地球北半球大陆多，南半球海洋多。月亮上可能也是

这样；月亮正面的中央部分是高地，月亮背面的中央部分是一片"大海"——呈暗色的平原。

1959年1月2日，苏联发射的"月球1号"，于1月4日飞抵距月亮6000千米的上空，拍摄一些照片传到了地球。

1959年10月4日，苏联又发射了"月球3号"自动行星际站。它于10月6日开始进入绕月球的轨道飞行，7日6时30分，它已转到月亮背面大约7000米的高空。当时地球上看到的是"新月"。月球背面正是受太阳照射的白天，是照相的大好时机。当行星际站运行于月亮和太阳之间的时候，在40分钟内拍摄了许多不同比例的月球背面图，然后进行显影、定影等的自动处理，而通过电视传真把资料发回地球。这是有史以来拍摄到的第一批月亮背面的照片。从此，这个千年奥秘终于被揭开了。

月亮的背面也是像正面一样的半球，绝大部分是山区，中央部分没有"海"，其他地方虽有一些海，但是都比较小。背面的颜色稍稍红些。现在，科学家已经绘制成一幅较详细的背面图，并且给那些背面的山和"海"，按国际规定来命名。

环形山以已故著名科学家名字命名的有齐奥科夫斯基、布鲁诺、居里夫人、爱迪生等。"海"有理想海和莫斯科海等。有五座环形山用中国古代石申、张

衡、祖冲之、郭守敬和万户五位科学家的名字命名。其中规模最大的是万户环形山，面积约600平方千米，它位于南半球，夹在赫茨普龙与帕那（都是英国物理学家）两座环形山之间。

神秘的引人注目的环形山是怎样形成的呢？

1966年，美国"月球太空船2号"拍摄的照片，使人们能够仔细地看清月面上那些大量错落、形状不一的圆丘，同美国西北部的圆丘相似。科学家认为，它们是由月亮内部熔岩向月面鼓涌形成的。

现代科学仪器观测的结果和宇航员带回的月亮岩石所作的分析，使科学家得出这样的假设：火山活动和陨星撞击这两种自然力量在月貌的形成中都有作用。许多圆丘和较小的环形山是火山活动中形成的，而那些大环形山是陨星撞击月亮时造成的。

月球的地貌

月球奥秘

月海不是真正的海

听到海，你可能会想到波涛汹涌的浪，想到跳跃的海豚，想到顶着风雨的海燕，想到轮渡声声，想到《大海》等脍炙人口的歌曲等。是啊！地球上的大海孕育着万千生命，充满了勃勃生机，是一座巨大的宝库，是人们争相赞颂的对象，也是勇者的乐园。那么，你听说过月海吗？月海和地球上的海一样吗？是否也是碧波荡漾？是否也有万千生命？不是！月海和地球上的海洋是完全不同的景象，它指的是月球上的陆地！

这可真是有意思，月海叫海不是海。那么，下面就让我们具体来看一下，究竟什么是月海？它是怎么形成的？它有什么样的特征？又是如何分布的？

43

什么是月海

月海绝大部分分布在月球的向阳面,只有三个分布在月球背面。肉眼所见月面上的阴暗部分,实际上是月面上的广阔平原,也就是月海。由于历史上的原因,这个名不副实的名称保留到了现在。已确定的月海有22个,此外还有些地形称为"月海"或"类月海"的。公认的22个月海绝大多数分布在月球正面,背面有3个,4个在边缘地区。在正面的月海面积略大于50%,其中最大的"风暴洋"面积约500万平方千米,差不多等于9个法国面积的总和。大多数月海大致呈圆形,椭圆形,且四周多为一些山脉封闭住,但也有一些海是连成一片的。其他海的名字分别是雨海、静海、澄海、丰海等。关于月海和月坑的成因,大多数学者都主张陨石(或小行星和彗星)撞击说。据计算,雨海可能是由一个直径为20千米的小行星体以2.5千米/秒的速度轰击月表形成的,即所谓的雨海事件。"阿波罗14号"的登月舱正好在雨海盆地的冲击溅射堆积物上着陆,采集的岩石样品几乎全部由复杂的角砾岩组成并显示明显的冲击和热效应特征,这对雨海盆地的陨石撞击成因说是一个有力的证据。除了"海"以外,还有五个地形与之类似的"湖",它们分别是梦湖、死湖、夏湖、秋湖、春湖,不过有的湖比海还大,比如梦湖面积7万平方千米。月海伸向陆地的部分称为"湾"和"沼",都分布在正面。湾有五个:露湾、暑湾、中央湾、虹湾、眉月湾;沼有三个:腐沼、疫沼、梦沼,其实沼和湾没什么区别,月海的地势一般较低,类似地球上的盆地,月海比月球平均水准面低1~2千米,个别最低的海如雨海的东南部甚至比周围低6千米。

月海的形成

比较多的人认同月海是小天体撞击月球时,撞破月壳,使熔融的月幔流出,玄武岩岩浆覆盖了低地,形成了月海。但也有科学家根据对月球形成年龄与各类岩石成分、构造的研究,认为月球约形成于45.6亿年前。月球形成后曾发生过较大规模的岩浆洋事件,通过岩浆的熔离过程和内部物质调整,于41亿年前形成了斜长岩月壳、月幔和月核。在40亿~39亿年前,月球曾遭受到小天体的剧烈撞击，形成分布广泛的月海盆地，称为雨海事件。在39亿~31.5亿年前，月球发生过多次剧烈的玄武岩喷发事件，大量玄武岩填充了月海，厚度达0.5~2.5千米，称为月海泛滥事件，月海因此形成。两个观点的不同之处在于前一观点认为是同时发生的；而后一观点则认为小天体的撞击和玄武岩的喷发是发生在两个年代的。

点击——月幔

月球的内部构造究竟是什么样的？这个问题很重要，因为这关系到它的起源与演化。20世纪60年代人类第一次登上月球后，人类对月球内部构造的认识逐步加深。

天然和人工月震提供的资料表明，月球同地球一样，也可分为月壳、月幔和月核等层次。月壳厚度为60~65千米，最上部的1~2千米主要是岩石碎块和月壤。

自月壳以下到约1000千米均为月幔，有人将月幔下限定在约1388千米深处。月幔几乎占月球一半以上的体积。自月幔以下直到约1740千米深处的月球中心是月核，主要由铁、镍、硫等元素组成，温度大致为1000~1600℃。

月海的地理特征及分布

月海类似地球上的盆地，地势一般较低，比月球平均水准面低1~2千米，个别最低的月海（如雨海）的东南部甚至比周围低6000多米。

已经确定的22个月海中，19个分布在月球近地面，远地面只有3个。科学家认为是地球引力造成月海分布如此不均。由于月球总有一面永远面向地球，在历经亿万年的地球引力影响后，月球的质心比形心更接近地球。所以月幔更容易从近地面一侧流出，使近地面的撞击坑更容易被玄武岩岩浆"灌溉"，因而近地面的月海较远地面多。

月海占月面总面积的16%。人类和月海有亲密接触，美国的"阿波罗"宇宙飞船曾6次在月海上登陆，如"阿波罗12"号曾着陆于风暴洋，"阿波罗11号""阿波罗17号"则在静海着陆。宇航员身穿宇航服，行走在"海面"上，留下一串串深约 3 厘米的脚印，他们发现月面上的尘土是近似灰色的纤细粉末，有点像带黏性的木炭屑。

月海的资源

填充月海的玄武岩就像一个巨大的钛铁矿存储库。据专家推算，共有约 106 万立方千米玄武岩分布在月海盆地或平原上。根据已有的探测结果，尤其是"克莱门汀"号月球探测器的多光谱探测数据显示，以目前地球上钛铁矿开采的品位作为参考值，可算出这些玄武岩中可开发的钛铁矿资源量超过 100 万亿吨。尽管这个结果带有很大的推测性与不确定性，但可以肯定的一点是，月海玄武岩确实蕴藏着丰富的钛铁矿。

钛铁矿不仅是生产金属钛和铁的原料，而且是生产水和火箭助燃料——液氧的主要原料。这就意味着对月海玄武岩的探测极为重要。然而令人遗憾的是，目前人类对月海玄武岩厚度的探测程度很低，这就影响了月海玄武岩总体积的计算精度，进而影响了钛铁矿开发利用和前景评估的可靠性。相信不久的将来会有所突破，让我们拭目以待。

月面上的神秘红色斑点

天文学家们还不止一次在月球面上发现神秘的红色斑点，也是那个阿利斯塔克环形山，美国洛韦尔天文台的两位天文学家在观测和绘制它及其附近的月面图时，先后两次在这片地区发现了使他们惊讶的红色斑点。第一次是在1963年10月29日，一共发现了3个斑点：先是在阿利斯塔克以东约65千米处见到了一个椭圆形斑点，呈橙红色，长约8千米，宽约2千米。在它附近的一个小圆斑点清晰可见，直径约2千米。这两处斑点从暗到亮，再到完全消失，大约经历了25分钟的时间。第三个斑点是一条长约17千米、宽约2千米的淡红色条状斑纹，位于阿利斯塔克环形山东南边缘的里侧，出现和消失时间大体上比那两个斑点迟约5分钟。

第二次他们观测到奇异的红斑是在1个月之后的11月27日，也是在阿利斯塔克环形山附近，红斑长约19千米，宽约2千米，存在的时间长达75分钟。这次由于时间比较充裕，不仅有好几位洛韦尔天文台的同事都看到了红斑，还拍下了一些照片。为了证实所观测到的现象是确实存在的，他们还特地给另一个天文台打了电话，告诉那里的朋友们赶快观测月球上的异常现象，但故意没有说清楚是在月球上的什么地方。得到消息的天文台立即用口径175厘米的反射望远镜（那两位洛韦尔台的天文学家用的是口径60厘米折射望远镜）进行搜寻，很快就发现了目标。结果是，两处天文台观测到的红斑的位置完全一致，说明观测无误。红斑确实是存在于月面上的某种现象，而不是地球大气或其他因素造成的幻影。

这两次色彩异常现象都发生在阿利斯塔克环形山区域，而且都是在它开始被阳光照到之后不到两天的时间内。考虑到这些方面，有人认为月面上出现红色斑点的现象可能并不太罕见，只是不知道它们于什么时间、在什么地区出现，而且出现和存在的时间一般都不长，要观测到它们就不那么容易了，需要具备较大和合适的观测仪器，以及丰富的观测经验和技巧，同时认为这类现象可能与太阳及其活动有关。另一种意见则认为，这类变亮和发光现象经常发生，单是在阿利斯塔克环形山区域，有案可查的类似事件至少在 300 起以上，这就表明它们是由于月球内部的某种或某些常存原因引起而形成的。

1969 年 7 月，首次载人登月飞行的"阿波罗 11 号"宇宙飞船，在到达月球附近和环绕月球飞行时，曾经根据预定计划，对月面上最亮的这片阿利斯塔克环形山地区进行了观测。这座著名环形山的直径约 37 千米，山壁陡峭而结构复杂，底部粗糙而崎岖。飞船指令长阿姆斯特朗是从环形山的北面进行俯视的，他向地面指挥中心报告说："环形山附近某个地方显然比其周围地区要明亮得多，那里像是存在着某种荧光那样的东西。"遗憾的是，宇航员们没有对所观测到的现象作进一步的解释。

月陆和山脉

月陆就是月面上高出月海的区域，一般比月海水面要高 2~3 千米。由于月陆的返照率较高，因而看起来比较明亮。在月球正面，月陆的面积基本与月海面积相等；但在月球背面，月陆的面积则要比月海大得多。根据同位素测定，月陆比月海古老得多，是月球上最古老的地形。

月球上除了前面讲的环形山之外，还有一些与地球上相似的山脉。我们一起来看看吧。

除环形山之外的山脉

在月球上，除了众多星罗棋布的环形山外，还有一些与地球上相似的山脉。它们常借用地球上的山脉名，如高加索山脉、阿尔卑斯山脉等。月球上最长的山脉是亚平宁山脉，长可达 6400 米；最高的山是位于月球南极附近的莱布尼茨山，高可达 6100 米。

月球山脉上也有峻岭山峰。现在认为大多数山峰的高度与地球山峰高度相仿。根据 1994 年美国"克莱门汀"号月球探测器获得的数据，人们曾得出月球最高点为 8 千米的结论。然而，根据我国"嫦娥一号"获得的数据，人们推测月球上的最高峰高达 9840 米。月面上高 6 千米以上的山峰有 6 个；5~6 千米的有 20 个；3~6 千米的则有 80 个；1 千米以上的有 200 个。月球上的山脉有这样一个普遍特征：两边坡度很不对称，向海的一边坡度大，有时为断崖状，另一侧则相对平缓。

月　　陆

　　我们在地球上看到的月面上的明亮的部分就是月陆。月陆也被称为月球高地。月陆并非一马平川，而是峰峦起伏，山脉横贯。

　　月陆表面由结晶岩石组成，主要有斜长岩、结晶岩套和克里普岩。斜长岩是由95%的钙长石及少量的辉石、橄榄石组成的。结晶岩套富含镁，由斜长石、橄榄石、辉石、尖晶石等矿物组成。克里普岩最早发现于"阿波罗12号"飞船所采集的月壤样品的浅色细粉末中，后来发现在月陆上广泛分布，主要成分为钾（K）、稀土元素（REE）和磷（P），经济价值很高，形成方式与地球上的花岗岩相似，因而也被称为"月球上的花岗岩"。

探秘月海盆地

要想揭开月球质量瘤之谜，非得了解月海是如何形成的不可。像认识地球表面结构特征一样，月面主要分两大构造单元，月海和月陆。

月海的主要特征是月球表面共有 22 个月海，向着地球的月球正面有 19 个，背面有 3 个。月球正面的月海面积约占半球面积的 50%，背面的月海面积只占那半个球面的 2.5%。大多数月海呈闭合的环形结构，周围被山脉包围着，山与海的形成有密切关系，月球质量瘤就与这类月海相对应。正面的月海多数是互相沟通的，形成一个以雨海为中心的更大的环形结构。背面的月海少，而且小，同时，都是独立存在的。月背中央附近没有月海。月背有一些直径在 500 千米左右的圆形凹地，称为类月海。正面没有类月海。月海主要由玄武岩填充。根据月海的这些特征，科学家们可进一步考察月海是如何形成的。

早在 19 世纪末，美国地质学家吉尔伯特就注意到月海的特征。他首先提出雨海的形成问题。他认为雨海是典型的环形月海。它是由外来的巨大陨石撞击在月面上，将月球内部岩浆诱出，大量岩浆漫出月面，而破碎的陨石物质及月面物质被抛向四周，形成环形月海。这就是吉尔伯特提出的"雨海事件"。据计算，这次事件的"肇事"陨石直径约 20 千米，它以每秒 2.5 千米的速度撞击月面。对月球考察的许多事实支持了吉尔伯特的观点，这也就是月海形成的外因论。美国"阿波罗 14 号"载人飞船的着陆点，就选在雨海事件的喷射堆积物——弗拉·摩洛地区上。从这里采集的岩石样品几乎都有遭受过冲击和热效应的明显特点。雨海的面积约 88.7 万平方千米，比我国青海省稍大一点。在 22 个月海中，雨海面积仅次于风暴洋，居第二位。它和风暴洋、澄海、静海、云海、酒海和知海构成月海带。从地形的角度看，它是封闭的圆环形，四周群山环抱，属典型的盆地构造。从地势的角度看，雨海地区非常复杂，极为壮观。它囊括了月面构造的诸多方面。因此，雨海区域很早就引起了天文学家们的

51

兴趣。

从月海形成的外因论看，月面学家又找到一个最有说服力的典型冲击盆地，它就是享有盛名的东海盆地。东海盆地主要在月球背面，直径约1000千米。它的中央区是东海，东海直径约250千米。人造月球卫星拍下的清晰的东海和东海盆地的照片，充分显示出东海外围有三层山脉包围，形成巨大的环形构造区。

与此同时，也有些科学家认为，环形月海是月球自身演化的产物。他们根据月海玄武年龄鉴定，推知月海玄武岩有5次喷发。大致时间是在距今39亿年至31亿年前。月海形成的先后次序为：酒海—澄海—湿海—危海—雨海—东海。

然而，上述提到的只是假说，还没有形成定论。月海到底是如何形成的呢？还有待进一步研究。

月球质量瘤是如何形成的呢？目前的看法也分内因说和外因说两个体系。内因说认为，外来的陨石对月面轰击，诱发月球内部密度较大的熔岩流出。我们已经知道，月海是由比重为每立方认厘米重3.2~3.4克的玄武岩组成。相比之下，月面高地主要由富含长石的岩石组成，它们的比重小于每立方厘米2.9~3.1克。可见，填充月海的熔岩远比月面高地的岩石密度大。月球正面环形月海又多，从而显现出质量瘤与月海共生的局面。那么，为什么非环形月海没有与质量瘤共生的对应关系呢？持内因论的月质学家指出，这是因为环形月海流出的填充熔岩比非环形月海填充的熔岩厚很多。两者只有数量上的不同，没有本质上的区别。

主张外因论的月质学家则认为，环形月海都是由外来的陨石撞击月面形成的。这些小天体的密度比初始的月壳密度要大。因此砸入月面形成体内"肿瘤"。也就是说，质量瘤是外来天体的残余与月岩的混合物。诚然，这些只是假说，月球质量瘤依然还是一个未解之谜。

探秘月谷和月溪

月球上除了环形山、月海、月陆、山脉等地理特征外，在月面不少地区还能看到一些暗色大裂缝，弯弯曲曲，绵延数百千米，宽几千米，甚至数十千米。这些大裂缝看起来就像地球上的沟谷一样，较宽的被称为月谷，较细长的被称为月溪。下面我们就来具体看一下，月谷和月溪是如何形成的吧。

月谷和月溪简介

我们的地球上有许多著名的裂谷，如东非大裂谷。月面上也有这种地质构造——月谷，就是那些看起来弯弯曲曲的黑色大裂缝。它们绵延几百到上千千米不等，宽度也从几千米到几十千米不等。月谷相比月溪较宽，大多出现在月陆上较平坦的地区，月溪相比月谷而言较小、较窄，到处都有。最著名的月谷是阿尔卑斯大月谷，位于柏拉图环形山的东南，连接雨海和冷海，将月球上的阿尔卑斯山拦腰截断，甚是壮观。根据从太空拍得的照片估计，它长可达130千米，宽为10~12千米。

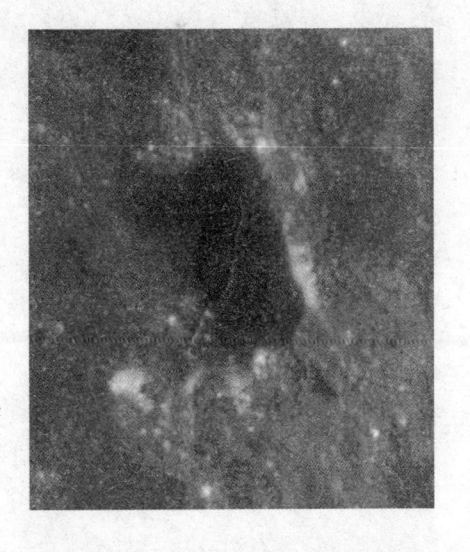

最著名的两个月溪是哈德利月溪和布拉德利月溪。哈德利月溪位于雨海东部平原上，是月面上最清晰的弯曲月溪之一。由于它位于"阿波罗15号"飞船的着陆点附近，因此目前人们对它的研究最为清楚。哈德利月溪宽1.5千米，深度达400米，长度超过100千米，两壁岩石露头十分新，很好地展现了月球表面的物质构成和构造演化史。从剖面看，其上部是月表土壤，厚可达 5 米，其下是不同厚度的岩块和碎屑角砾层，这是因不同时期的火山作用或撞击作用形成的，再往下是山麓堆积物和坚硬而完整的基岩。

月谷和月溪的成因

月谷和月溪是怎样形成的呢？目前众说不一。有的科学家认为与地球上的"V"形谷相似的月谷和弯曲的月溪，可能在月球形成的早期，由水的流动而形成的；有的科学家认为少数月坑成排分布，由小月坑组成的锁链就形成裂缝，如月面中央著名的希金努斯裂隙等；有的科学家认为有些月溪月谷是陨星撞击月表时留下的辐射线的残余，如雨海东北的阿尔卑斯月谷；还有科学家认为有的月溪和月谷也可能是由火山爆发产生的熔岩的流动而形成的。

到底哪种说法是正确的呢？通过对月谷和月溪影像资料的详细分析，实地考察和岩石样品的分析研究，科学家认为这几种形成方式都是可能的。

月球上的美丽的亮带——辐射纹

月球表面上还有一个明显的特征就是一些较"年轻"的环形山常带有美丽的"辐射纹"。这种"辐射纹"以环形山为辐射点，向四面八方延伸呈现出一条亮带。这些辐射纹以近乎直线的形式穿过山系、月海和环形山，并且它的长度和亮度不是完全相同。其中第谷环形山的辐射纹最引人注目，一条最长的亮带长度达到了1800千米，尤其是在其满月时候特别壮观。在其他环形山像开普勒和哥白尼也有相当美丽的辐射纹。经过统计得出具有辐射纹的环形山有50多个。叙述了这么多美丽的辐射纹，可是辐射纹究竟是如何形成的呢？还有我们在地球上能不能直接观测到月球的辐射纹呢？下面就让我们来具体看一看吧。

辐射纹的成因

辐射纹是怎样形成的呢？至今人类科学也没有一个明确的定论。实际上辐射纹的形成理论和环形山的形成理论有着紧密的联系。在今天有多数科学家认

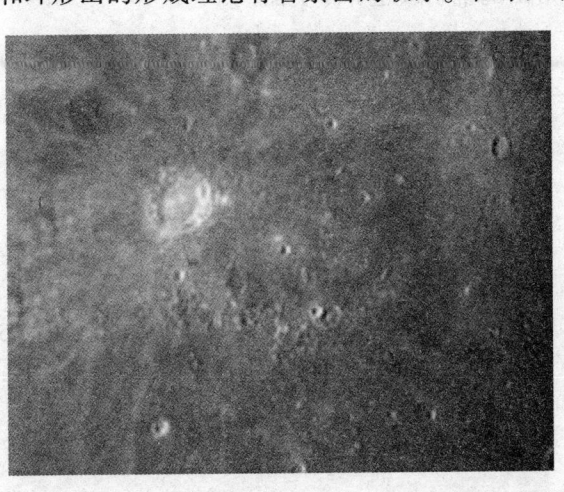

为辐射纹是由陨星撞击月球而形成的。在月球上没有空气，引力也非常小，所以陨星撞击会让高温碎块飞得很远。还有一些科学家认为辐射纹的形成有可能是火山的作用，当火山爆发的时候喷射出的熔岩也有可能形成辐射状的飞溅。很多科学家认为火山喷发或者大的陨星体撞击月球表面时，岩石以及岩石粉末等在外力的作用下向四周飞溅，在外力作用减弱或者消失的情况下这些物质慢慢飘落到月球表面从而形成了今天的辐射纹。又因为它反照率比较高，所以看上去就显得格外明亮。

辐射纹的观测

月面辐射纹分布在为数不多的环形山周围，看上去为辐射状的明亮条纹。在每个月满月的时候我们用望远镜就可以清楚地观察到。辐射纹的宽度一般在数百千米左右，长度也大都在数百千米以上。所有辐射纹都是以其中一个环形山为起点，沿着几乎笔直的方向，穿过高山，越过月海，向四面八方延伸，这样奇特的景色成为月面上一道靓丽的风景线。

月面上的主要特征之一就是辐射纹，在整个月面大约有 50 个比较"年轻"的环形山具有辐射纹。其中第谷环形山最为特别，第谷环形山位于月面南部，上边有 12 条又长又亮的辐射纹，其中最长的一条辐射纹在 1800 千米以上，相当于从北京到上海，夜晚我们用普通望远镜就能清楚地观测到。此外哥白尼环形山和开普勒环形山的辐射纹也非常美丽。

而月球火山却没有任何新近的火山和地质活动的迹象。因此，天文学家称月球是"熄灭"了的星球。

在地球上火山大多呈链状分布：例如夏威夷岛上的山脉链，显示板块活动的热区，而安第斯山脉，火山链则勾勒出一个岩石圈板块的边缘。在月球上没有板块构造的迹象，典型的月球火山多出现在古老巨大的冲击坑底部。因此，大部分月球阴暗区都呈现出圆形外观。冲击盆地的边缘往往包围着阴暗区环绕着山脉。

月球火山的成因

月球阴暗区主要出现在月球较近的一侧。阴暗区几乎覆盖了这一侧的1/3面积。而在较远一侧，阴暗区的面积只有2%。但较远一侧的地势相对更高，地壳也较厚。由此可以得出这样的结论，控制月球火山作用的主要因素是地壳厚度和地表高度。

月球地心引力只有地球引力的1/6，因此火山熔岩的流动阻力和在地球上的相比更小，流动更为流畅，很容易扩散开。这点就可以解释为什么月球阴暗区的表面大都呈现出平坦而光滑的状态，还可以解释月球上巨大玄武岩平原的形成原因。还有一点就是月球地心引力较小，使得喷发出的火山灰碎片能够落得更远。因而月球火山的喷发，只形成了宽阔平坦的熔岩平原，不像地球火山喷发后形成火山锥。这个也是在月球上没有发现大型火山的原因之一。

因为月球上没有溶解水，所以月球的阴暗区是完全干涸的状态。而水在地球熔岩中则是激起地球火山强烈喷发的不可缺少的作用因素之一。因此，科学家作出结论认为水分的缺乏水对月球的火山活动产生了巨大影响。具体来讲，正因为没有水，才使得月球的火山喷发不会那么强烈，熔岩也是以一种平静的状态流畅地涌出地面。

广角镜——月表发现疑似火山锥

在2010年9月16日，美国宇航局"月球勘测轨道器"完成了第一阶段的月球勘测任务，这一任务从胜利完成的那一刻起便被称之为美国宇航局史上最

鲜为人知的月球奥秘

成功的太空任务之一。尽管第一阶段任务取得了巨大的探测成果，但这并不意味着"月球勘测轨道器"的任务就此结束，相反这恰恰象征着新一阶段任务的开始，也就是科学研究任务阶段的开始。在以前的勘测任务阶段中，"月球勘测轨道器"成功获取了有关月球的大量的最新宝贵资料，拍摄了大量的高清晰月球照片，大大帮助了科学家们更加深刻、全面、细致地认识这位地球的神秘的邻居。

研究发现月球表面的坑并不都是由陨星撞击产生的。"月球勘测轨道器"在月球表面惊奇地发现了一个几乎可以肯定是一个火山锥的地形。它应该是由位于死亡湖中的一座火山所形成的。这个深坑的直径约为400米，形成时间大约在数十亿年前。如果它确实是一个火山锥的话，那么它存于月球火山活动的时候。那时月球可能还非常年轻，月球火山活动也非常活跃。在月球表面，还有其他一些地形可以肯定是火山地形。但是照片所示图像还无法完全确定它的真正身份。如果想要明确它的身份，唯一的方式就是登陆月球，进行实地考察。

鬼斧神工的辐射纹

辐射纹与两边岩石只有物质和颜色上的界限，根本看不出它们是在哪里衔接，既没有突出于边岩，也不凹陷于边岩，恰到好处地与边岩抹平可以说是天衣无缝。就算是出自地球上最高级的电焊工之手也不能和其抹平的水平相媲美。辐射纹的形状绝不是由于地质作用而形成的岩脉或矿脉。它们在阳光下闪闪发光，直到今天人们也不知道辐射纹究竟是由什么元素组成的。这些纹的长度最长的达到3000多千米，相当于3/5个长城，估计也不会比长城的直线距离短多少。据天文地质学家的猜想，辐射纹的形成很可能是由于环形山曾经发生过的大规模的火山爆发后的痕迹，构成辐射纹的物质是火山爆发时喷射出去的物质落到月面后而形成的粉末状的东西。这些专家学者把猜想写入辞海，辐射纹就算是火山奇迹，可是，火山喷发后的遗迹呢？在没有风化作用的月表，火山喷发后的遗迹应该不会被风化的。

月球上的"风暴洋"

唐代大诗人杜甫在描述月亮时写道："斫却月中桂，清光应更多。"神话故事中的月中桂树，主要就是指月面左边的黑暗部分，即月海区，风暴洋就在这个区域。风暴洋这个名称听起来很可怕，但其实这里既无风暴，又不像地球上烟波浩渺的汪洋，名不符实。它只是月面上宁静而辽阔的平原，而且是月面上最大的平原，唯一的"洋"。

复杂的地形：农历每月十五以后，才能看到风暴洋的全貌。通过天文望远镜观察，风暴洋和月面西部的雨海、知海、温海和云海及北部的冷海相通，构成一幅极其壮观的图景。整个西部"海域"和东部零散分布的月海形成鲜明的对比。西部"海域"的特征一是面积大，是东部月海面积的 3 倍左右，占西部月面约 3/4；二是个数少，只有 5 个；三是以风暴洋为中心，连成一片。

风暴洋的位置处于大约北纬 60°至南纬 20°，西经 85°至东经 10°之间。南北

向最大距离约 2400 千米，东西向最大距离约 2900 千米。整个面积约 696 万平方千米，比其他所有月海面积之和还大一些。风暴洋的东北部和环形的雨海相通，北面的露湾和冷海相连。露湾的面积约 20 多万平方千米，比危海的面积还大；东岸一直延伸到月面的中央区，那里有中央湾和暑湾。

南部的知海、湿海和云海连在一起，形成与南部著名的山区相毗邻的格局；整个西部洋岸错综复杂，各种形态的半岛和岛屿显现出典型的海洋特征。由于受月球经天平动的影响，西部边缘"时隐时现"。

地势特征：风暴洋以千姿百态的地势风貌给天文观测者留下深刻的印象。它的地势特征可以归纳如下。第一，风暴洋中的岛屿甚多。以北纬约 10°，西经约 20°的哥白尼环形山为中心的周围就是一个引人注目的大岛，大约有 20 万平方千米；在该岛西边不远的地方，又有一个以开普勒环形山为中心的奇形怪状的岛。在这个岛周围还伴有很多小岛；在风暴洋和雨海相通的洋面上有一个近似长方形的岛屿，该岛上也有一个著名的环形山，叫阿里斯塔克；西岸附近的小岛更是星罗棋布；在风暴洋和知海之间矗立着长达 200 多千米的里菲山脉，它像一座拔地而起的洋和海的分水岭。第二，具有明亮辐射纹长的环形山最多。观赏明月，人们常被月面几处具有明亮辐射纹的亮斑所吸引。这些辐射纹的中心亮斑就是环形山，最清晰的就是云海之南的第谷环形山。在风暴洋中还有三处这样的环形山，它们是哥白尼环形山、开普勒环形山和阿里塔克环形山。这些美丽的辐射纹在暗灰色洋面背景衬托下，显得格外迷人，像三颗明珠，在强烈的阳光下光彩夺目。哥白尼环形山直径 90 千米，辐射纹直径约 1200 千米。由于它位于月面中心附近，辐射纹显得特别清楚。美国发射的探月飞船拍下了许多细茸照片，原来辐射纹上还存在许多小环形山，环壁中间有隆起的中央丘。开普勒环形山的直径约 32 千米，辐射纹长约 640 千米。阿里斯塔克环形山直径约 40 千米，辐射纹长约 430 千米，它以有时发出奇异的光辉而闻名。1958 年苏联天文学家科列夫曾拍下它发出粉红色光辉的光谱照片。1969 年 7 月 21 日，美国"阿波罗 11 号"载人飞船在环绕月球运行时，宇航员阿姆斯特朗恰好发现它发出荧光。至于为什么会发出短时的奇异光辉，现在尚无确切的解释。有人认为是从环形山内喷出的气体，有的则认为是由于太阳上射出的质子流引起的。第三，风暴洋及其内部的各种地势，应与雨海、知海、湿海和云海看成一个演化整体。当然，它们的形成或许有先后之分，但是，作为相通的近邻，也必有

其内在的演化联系。比如，风暴洋的西部和南部就存在明显的陆地和海洋之间的过渡地带。根据测量表明，陆区的月壳厚度为40~60千米，海区的月壳厚度约在20千米以下，过渡带的月壳厚度一般在30~40千米。湿海和云海等于是风暴洋伸向南部陆地的近海，它们的岸边地势非常复杂。云海东部海面有长约200千米的直壁，西南边缘有疫沼和长280多千米的赫西奥杜斯月溪，西岸有长200千米、宽5千米的伊巴勒月溪。湿海比月球平均水准面低5200米，西岸有200多千米长的利比克峭壁。第四，风暴洋周围著名的环形山最多。在东岸有托勒密环形山、阿尔芬斯环形山、阿尔札赫环形山。西部有加桑迪环形山、列特龙环形山、格里马第环形山、里希奥利环形山、赫韦斯环形山、卡达努斯环形山、克拉夫特环形山和罗素环形山。西北部有毕达哥拉斯环形山。处在正面和背面分界线上的有爱因斯坦环形山。处在西部洋面上的还有伽利略环形山。

对风暴洋的探测：1969年11月19日，美国"阿波罗12号"载人飞船在风暴洋洋面（西经23°20′，南纬3°02′）着陆，距离1967年4月19日美国发射到月面的"勘测者3号"仅180米远。宇航员在月面活动两次，共7小时53分钟。活动离登月舱最远达900米，带回59千克月壤和月尘的样品。

其结晶岩石主要为玄武岩，这是月海的共同特征。鉴定表明：风暴洋的玄武岩是目前已知几个月海中最年轻的。从目前已取得的岩石样品测定：静海玄

月球奥秘

探索月球奥秘

鲜为人知的月球奥秘

月球上鲜为人知的秘密

美丽的月亮曾让人无限向往，而当宇航员登上月亮时，看到的却只是一片荒漠，没有一点生命的痕迹。但也就是在这里曾经发生了种种神秘莫测的奇异现象。

1958年，美国《天空与望远镜》月刊报道说，月球上发现有半球形的闪耀着日光的"月球圆盖形物体"，这些物体的数目在不断变化，有的消失了，有的又重新出现，有的还会移动位置，它们的平均直径为250米。

"月球2号"拍摄到月面上的静海区有一些方尖石，这些方尖石底座宽约15米，高12~22米，最高达40米。有人对这些方尖石的分布作了详细研究，计算出方尖石的角度，指出石头的布局是一个三角形，很像埃及开罗附近吉泽金字塔的分布。而方尖石的许多几何图形线条，也不像是自然侵蚀形成的。

1969年，人类登上月亮后并没有在月球上发现生命迹象。科学界却因此引发出奇妙的联想。苏联天体物理学家米哈伊尔、瓦西厄和亚历山大·晓巴科夫分析研究了从月亮带回的月岩标本说："月亮可能是外星人的产物，15亿年来，它一直是他们的宇宙。月亮是空心的，在它荒漠的表面下存在着一个极为先进的文明。"

"阿波罗11号"宇航员阿姆斯特朗在回答休斯敦指挥中心的问题时吃惊地说："……这些东西大得惊人！天哪！简直难以置信。我要告诉你们，那里有其他的宇宙飞船，它们排列在火山口的另一侧，它们在月球上，它们在注视着我们……"美国无线电爱好者抄报到这里，无线电广播突然中断。美国宇航局没有对阿姆斯特朗所看到的现象作任何解释。

另一位宇航员奥尔德林在月球上空拍到28张连续照片，可以清楚地看到一个神秘的飞行物体的飞行情况。两个黏在一起像"雪人"形状的奇怪飞行物体突然出现在月面的左侧。两秒钟后，这个飞行物体慢慢地旋转起来，尾巴上出

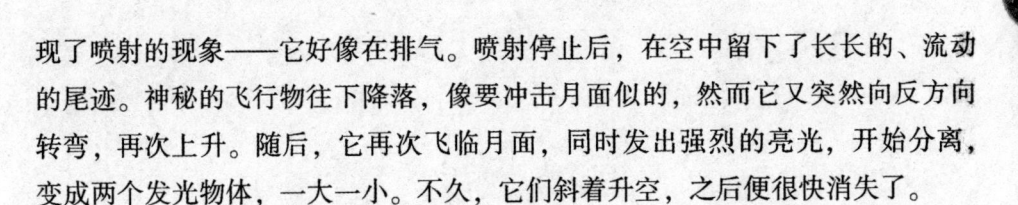

现了喷射的现象——它好像在排气。喷射停止后，在空中留下了长长的、流动的尾迹。神秘的飞行物往下降落，像要冲击月面似的，然而它又突然向反方向转弯，再次上升。随后，它再次飞临月面，同时发出强烈的亮光，开始分离，变成两个发光物体，一大一小。不久，它们斜着升空，之后便很快消失了。

在这以前，其他宇航员也有类似的发现。1965年12月4日，"双子星7号"宇航员洛弗尔曾看到一个伸出根"水管"的不明飞行物。1966年9月13日，"双子星11号"宇航员戈登在环绕地球飞行拍摄的照片中发现有一个金属状不明飞行物。

宇航员斯科特和欧文乘坐"阿波罗15号"再度踏上月球的时候，在地球上的沃登十分惊讶地听到（录音机同时录到）一个很长的哨声，随着音调的变化，传出了20个字组成的一句重复多次的话，这发自月球的陌生"语言"切断了同休斯敦的一切通信联系。

法国科学家写的《月球及其对科学的挑战》一书中的48幅从未公开的月面照片，展示了月面上一些地形的变化。他表示：这些照片原是彩色，那种生动的图像令人吃惊，它们表明，月亮上可能存在智能活动。美国宇航局曾对"阿波罗11号"拍摄的28张照片进行了几年的秘密研究，发现这个不明飞行物的喷射是瞬间开始，瞬间停止的，非常像以真空为背景的液体喷射。因为，有人提出这也许是一种信号。

等照片发表以后，有些人大胆发出畅想曲：种种迹象表明，月球可能已经被来自其他空间的智能所开发利用了，当然，关于月球上的种种猜测，仅仅是人类揭开月球神秘面纱的一厢情愿，要真正地了解更多的月球知识，就交给未来的人们吧。

鲜为人知的月球奥秘

至今未解的月球藏秘

月亮是地球黑夜的光明使者，那皎洁如玉的光芒中，笼罩着难以名状的神秘。

月球表面的环形山仿佛记载着特殊智慧的秘密。美国"阿波罗"登月计划执行过程中，宇航员曾拍下一些月面环形山的照片。照片透露出一个惊人的信息，那就是环形山上有人工改造过的痕迹。例如在戈克莱纽斯环形山的内部有一个直角很规整，每个边长为25千米，同时在地面及环壁上，可以看出明显的整修痕迹。

月地渐远离

18世纪末法国人拉普拉斯就发现了月球形状的不规则性，实属难能可贵，然而，他却没有看到月球正在以每年3.8厘米逐渐远离地球。

现在的月球自转和公转周期相同，所以它的一面总是朝向地球。科学家估计，和现在约38万千米的距离不同，早期的月地距离可能只有约2.6万千米。由于天体运行轨道半径与天体转速有关，按照这一假设，1∶1的自转公转周期比可以解释当前月球形状不规则的现象。

还有一些科学家假设，月球形成初期的自转公转周期比为3∶2，也就是公转2周期间自转3周，这种情况至多持续了几亿年，最后因为潮汐力而自转降速，自转公转比稳定为现在的1∶1。计算结果表明，这段自转比公转快的时期可能提供足够的力，为月球形成目前的形状准备了条件。

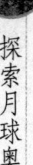

月球形状不规则

早在18世纪末，法国数学家皮埃尔·西蒙·拉普拉斯就注意到，形状不规则的月球自转时会发生"颤抖"，现在美国麻省理工学院地球物理学与行星科学教授玛丽亚·T.朱伯告诉《纽约时报》记者，当时并不知道为什么。

20世纪60~70年代，太空探测器发现，处于月球与地球地心连线上的月球半径被拉长，也就是说，如果沿赤道把月球分成两半，截面不是正圆，而是像橄榄球一样的椭圆，"球尖"指向地球。但迄今无人能就月球当前形状的成因给出完全令人信服的解释。

质量的均匀

一般认为，45亿年前，一个火星大小的天体撞击地球，产生的部分碎片形成月球，但这也仅限于推测。月球形状的另一个谜团是，月球面对地球一面的物质构成及外貌方面与背对地球一面差异很大：朝向地球的月面地壳比背向地球的月面地壳薄许多，朝向地球的月面拥有由玄武岩构成的广阔平原，这些平原被称为月海，这是很久以前月球表面火山喷发的结果。背对地球的一面地壳厚很多，陨石坑相对较多，几乎没有月海。

在一定程度上，月海中密度较高的玄武岩使月球的质量中心不在几何中心，偏离了约1.6千米。但是，迁移的发生过程尚不清楚。

月球不是规则球形，而是直径略小于月球赤道（以下简称"赤道"）直径的天体。仔细观察月球形状，我们会发现它好像被人用拇指和食指捏住两极"挤"过一样。

对这一现象有科学家认为在月球形成初期，月球自转产生的离心力可能使岩浆尚未冷却的月球赤道地区"鼓"出一块。然而，这只是关于月球形状的种种假设之一，尽管人类已经登上月球，但众多的月球之谜仍待科学家一一破解。

月球隐藏的未知秘密

月球透露出的种种信息正在告诉地球上的科学家，其中还藏着很多未知秘密：地球还有另一颗卫星——克鲁特尼。

月球是地球唯一的天然卫星，对吗？不是这样的。1999年，科学家们发现了处在地球引力控制范围内的另外一颗小行星，其直径为5英里（约8千米），它也是地球的一颗天然卫星。

这颗小行星被称为克鲁特尼，它沿着一条马蹄形的轨道行进，绕地球一周大约要花770年的时间。科学家们认为，它像这样在地球的上方悬吊的状态还能够保持至少5000年。

（1）月球土壤与地球土壤生物实验。

把细菌撒在从月球带回来的尘土上，细菌一下子都死了，难道这些尘土有杀菌的本领吗？

再看看用植物做实验的结果：把玉米种在月球的尘土里，和在地球土壤里生长没有明显不同。可是，水藻一旦放进月球尘土，水藻就长得特别鲜嫩清绿。

这一连串试验结果是多么令人费解啊！

（2）外壳底部的浓缩物。

1968年，太空探测带回来的资料显示，月球的外壳底下有大块的浓缩物，而且还有一股吸力，太空船飞过时禁不住要倾斜。科学家只知这些浓缩物是一种又密又重的物质，其余就一无所知了。

月球上总会出现一些无法解释的现象。它透露出的种种信息已经在告诉地球上的科学家，月亮上藏着很多秘密。

鲜为人知的月球奥秘

月球是空心的吗

1969年，在"阿波罗11号"探月过程中，当两名宇航员回到指令舱后3小时，"无畏号"登月舱突然失控，坠毁在月球表面。

离坠毁点72千米处的预先放置的月震仪记录到了持续15分钟的震荡声。如果月球是实心的，这种震波只能持续3~5分钟。而且欧、美报纸也曾报道说，登月舱在首次和以后几次起飞时，宇航员们都听到过钟声。可是那儿并无教堂，月球外壳（特别是背面）像是特殊的金属制品，整个月球犹如一口特大的铜钟！这一现象证明了月球是空心的。

1969年11月20日4时15分由"阿波罗12号"制造了一次人工月震，其结果充分说明了月球是中空的，细节如下。

美国宇航员以月面为基地设置了高灵敏度的月震仪，通过无线电波能将月震资料发送回地球：其中一台由"阿波罗12号"的宇航员设置在风暴洋。设在月面的地震仪十分精密，比在地球上使用的地震仪灵敏度高上百倍，它能测出人们在月面造成的震动的百万分之一的微弱震动，甚至能捕捉到宇航员在月面上行走的脚步。

人类首次对月球内部进行探测起于"阿波罗12号"，当宇航员乘登月舱返回指令舱时，登月舱的上升段撞击到月球表面，随即发生了月震。这使正在进行观测的美国航空航天局的科学家们目瞪口呆：月球"摇晃"震动了55分钟以上，而且由月震仪记录到的月面"晃动"曲线是从微小的振动开始逐渐变大的。

从振动开始到消失，时间长得令人难以置信。振动从开始到强度最大用了七八分钟，然后振幅逐渐减弱直至消失。这个过程约一个小时，而且"余音袅袅"，经久不绝。

"阿波罗 13 号"人工月震获得长达 3 小时的振动。在"阿波罗 12 号"造成"奇迹"后，"阿波罗 13 号"随后飞离地球进入月球轨道，宇航员们用无线电遥控飞船的第三级火箭使它撞击月面。当时的撞击相当于引爆了 11 吨 TNT 炸药的实际效果，撞击月面的地点选在距离"阿波罗 12 号"宇航员设置的地震仪 87 英里（约 140 千米）的地方。

月球再次震撼了，用地震学上的术语说，就是"月震实测持续 3 个小时"，月震深度达 22~25 英里（35~40 千米），月震直到 3 小时 20 分钟后才逐渐结束。如果用"月球—宇宙飞船"假说来解释这种月钟长鸣现象就很自然，完全在预料之中。月球是一个表面覆盖着坚硬外壳的中空球体，如果撞击那个金属质的球壳，当然会发生这种形式的振动。

根据几次人为的月震试验和月震记录分析，都得出了相同的结论：月球内部并不是冷却的坚硬熔岩。

月震是怎么一回事儿

和认识地震一样,我们不仅要了解月震的次数和震级的大小,最主要的还是要从中探索它震动的规律,查出它震动的内因和外因,使认识达到更深入的层次。地震和月震都是天体的正常活动。一次月震从孕育到发展到发生是一个天体复杂的物理和化学变化过程。科学家们潜心研究的就是这些天体的本质。地震学是这样,月震学也是如此。

现在已知月震的空间分布状况是,向着地球的这面比背着地球的那面发生的月震更多些;在向着地球的一面上,分布着四个深月震的震中带;月海区的地震比月陆区多。前面已介绍过深月震居多,已证实出深震源区有109个,在这些区域反复发生月震。

与月震的空间分布相对应的时间分布也是很重要的。科学家们发现,深月震的时间分布有一定的周期规律。其中有13.6日、27.2日和206日等周期。这些周期有什么意义呢?从中说明什么问题呢?13.6日是0.5个交点月,27.2日是一个交点月,206日与太阳引力有关系。这就是说,深月震的发生与地球和太阳对月球的起潮力有触发性的关系。

浅月震比深月震少很多。从统计来看,在一万多次月震记录中浅月震只有28次。但是能量最大的月震却是浅月震,已记录到的最大的浅月震为4.8级。它们发生在月面下0~200千米。浅月震与地月之间的位置无明显关系。有人认为浅月震可能属月球的构造月震。但也有人不同意这个观点,所以仍属奥秘。

月震有两大类:深层月震和浅层月震。

深层月震:月震发生于深度达600~1000千米的月幔之中,震中位置,位于30°N至40°S之间,北半球明显多于南半球,每次月震释放的能量小于11~12尔格,仅1~10尔格,但有显著的27天周期性,与地球对月球的起潮力有关,还有206天和6年的太阳调制周期。

浅层月震：发生在月壳表层 0~200 千米，每年仅发生 1~5 次，每次月震释放的能量为 1012~1015 尔格，产生于月壳的断裂带上，对这类月震目前尚难找出发震的规律，似乎与地震的机制有些类似，难于预报。

通过对月震分析表明：向着地球一面的月壳厚度为 60~65 千米，在月幔中有 12 处质量集中区（简称质瘤）大都在月海中央，起因于密度较大的陨石撞击月球后，未被月幔熔化，当受到地球起潮力的吸引，质量重的质瘤旋转向地球的那面，使得月球总是一面对着地球就与地球同步转动。而背向地球的那面月壳较厚，达 150 千米，密度稍小。深层月震的能量来源，恰好是地球起潮力释放的能量，使质瘤间位置发生微小变化，月震后又回到原来位置，并使得月球以每年 5 厘米的速度离地球远去。

LTP 称为月球瞬变现象，是月球表面突然变亮、变暗、变红、变蓝、闪光等现象的总称。这种月球奇辉一般能持续 20 分钟以上。早在公元 557 年就已被人类观察到并记载下来，至今共有 1500 多次。阿波罗宇航员有 3 次登月过程中看到了 LTP，经过研究分析表明：LTP 与近地点密切相关，并与太阳活动有一定的相关性。

从 1995 年 7 月 12 日云南孟连西发生了 7.2 级强烈地震以来，接连发生的云南禄劝和丽江、山西阳高、甘肃天祝等 5 次大地震，都发生在月相的朔日或望日。香港余新河先生认为：月球对地球的起潮力可能是触发地震的关键因素，并认为地震前物理场的变化可能在月球上有反映。中科院云南天文台吴铭蟾研究员在统计 15 世纪以来云南省发生的大地震时，发现某些地区（如通海、峨山等）的大地震，恰好发生在黄白交角的极值期。另外对全球地震的统计亦有类似情况，即有些地区与黄白交角相关。

苏联科齐列夫教授在地理学会上宣读论文称：月球上火山现象及月震与地震有明确的关系，这类月球现象的次数在地震期间增加了 2 倍。曾经发现在日本大地震前数小时，月球阿里斯塔赫环形山有红色斑点出现。

我国唐山大地震发生前几小时，当时月相正值朔日，本应看不见的新月完全泛红，十分明显。由于强震前现已测到有强烈低频电磁波辐射，以及磁场等物理场的变化，因此研究月球现象及月震，对地震的临震预报，具有十分重要的意义。

有关月震之谜

在人类到达月球之前，科学家们认为"月球是一个死寂的世界"，但是自从"阿波罗"飞船宇航员降落月面，并在月面设置了几台地震仪后他们才知道，月球是一个极其"活跃"的世界。月震发生在我们无法想象的月球深处，震源在月面下800～1600千米处，那里离月球外壳已相当远了。

设在月面的地震仪曾多次记录到月震，科学家们把多数月震称为"微型月震"，根据月震记录，月球的活动和振动不仅多次反复发生而且有时强度还相当可观。莱萨姆博士解释说："当发生这种乱哄哄的微弱震动时，有时两小时发生一次，有时几天后才能平息下来。目前还不知道这种'成群'震动的震源在哪里。"

设在月面的地震仪还记录到传来1～9分钟内的高频振动，科学家们感到十分困惑，他们推测只能是月面的某一区域正发生移动，可是这种高频振动发生

了多次且持续不断，科学家们的推测似乎并不对。直到今天成千次这种微震仍在发生，可以认为是一种自然现象，莱萨姆博士后来发现在这种振动中有一种独特的类型，它们发生在月球最接近地球的时候。他认为这是由于这时地球作用于月球的引力增强，使月壳产生振动。

有意思的是，微型月震多发生在月面的裂隙上。所谓裂隙就是月面上延绵几百千米的窄而深的沟。不过有的科学家认为月面上并不存在什么裂隙。

莱姆博士指出，微型月震和月壳的振动现象与月球内部的热能并无直接关联，与其说是月面火山活动不如说是月壳的变动。这些微震中的大者也只在里氏震级二级以上，而且震源深度不到500米。

对月球进行的种种其他研究也表明，在月球的岩石和土壤下存在着一个金属层。在美国航空航天局有关研究机构召开的"第四届月球科学研讨会"的专门报告中提到，美国圣克拉拉大学物理学博士卡契斯·帕金与美国航空航天局艾姆斯研究中心的帕尔马·代亚尔和威廉·迪利将"阿波罗11号"和"阿波罗15号"设在月面的磁强计数据与"探险者35号"获得的数据综合起来绘制了整个月球的磁带曲线。他们在一家专业杂志上撰文说："根据磁强计的测定，月球上有大量的铁。月球岩石并不是由非磁性物质构成的，而是由铁等强磁性物质构成的。这是一种游离态的铁。"这一研究结果具有不可忽视的意义。他们说，与他们测量到的数值相一致的具有高导磁性的矿物。有一定强磁性的矿物及其化合物都未能发现，由此可以推测，相当于整个月球导磁性的游离态金属铁一类物质，以强磁性状态存在于月球内壳，而且含量可观。根据其他资料研究所获得的结果与此相似。也就是说，紧挨着覆盖着月面的岩石的月面土壤有一个壳层，在这一壳层中存在着为数极大的金属矿物，在权威的国际月球研究杂志《月球》上，1971年里曾刊载了三份研究

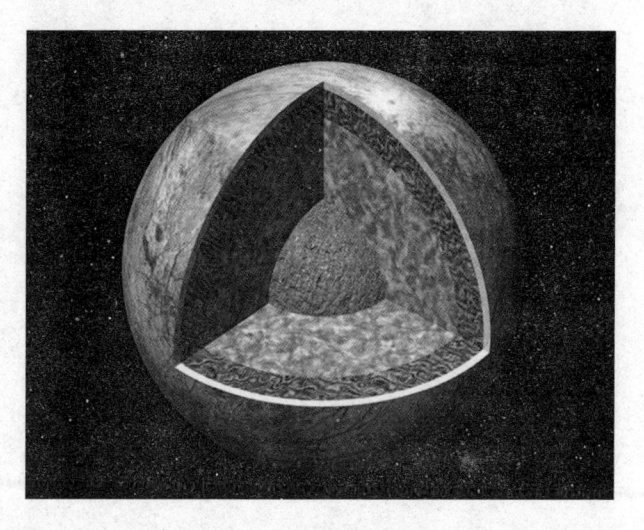

报告，这几份研究报告都谈到月球内部的金属层，因而受到广泛关注。

在月球提供给我们的"暗示"中，有许多不曾被科学家们忽略的东西。月球不均衡的外观给地球上善动脑筋的科学家以这样的印象——月球内部似乎存在某种"强有力"的东西。在通过出访月球使我们了解更多事实之前，地球上的科学家曾预测月球上既有"压扁"之处也有"膨胀"部位。但是比科学家们估计的月球"膨胀"程度大17倍。更加不可思议的是（当然科学家们现在还没弄明白）月球为什么能够维持住那么大的"膨胀"。苏联科学家认为，月球内部奇怪而神秘的力量来自坚固的金属质月球内壳。但是在科学家们寄予厚望的月球探测计划正式实施之后，事实仍使他们吃惊，他们已经知道月球上存在"膨胀"，但是找不到"膨胀"部位在哪里。一位科学家扫兴地说："地球之外的所有人似乎都显得对月球十分关心。"

令人难以捉摸的月球磁场

要研究月球内部构造，月球磁场的性质可以提供重要的依据，因而月球磁场的性质备受研究月球的科学家们的关注。那么，月球会不会像地球一样也有磁场呢？虽然月球现在没有全球性的偶极磁场，但在采集回来的月球岩石样品中却发现了月岩具有天然的剩余磁化成分，这就表明月球在历史上可能曾经有过一个全球性的磁场。

月球磁场的形成

现有理论认为，行星内部的构造运动是行星磁场形成的主要原因。太阳系中大多数的星球都拥有自己的磁场，对于以地球为主要代表的行星种类来说，磁场由于其内核的运动而产生，地球磁场能保护人类免受太阳风的伤害；对于以火星为代表的另一类行星来说，磁场的出现与其过去的活动情况相关。

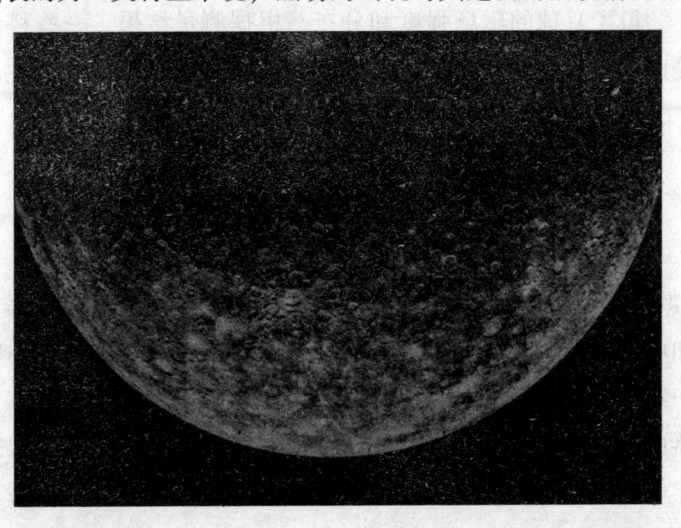

鲜为人知的月球奥秘

早期研究月球的专家因此断言，月球的磁场应该极弱甚至根本没有。如果磁场曾经存在，月球就应该有个铁质的核心，但当时的证据显示，月球不可能有这样的核心，且月球也无法从临近天体获得磁场。以地球为例，月球必须距离地球足够近才能"借"到地球磁场，但此时月球也就会被地球引力撕碎。然而月岩的标本给了持有此种观点的科学家一个巨大的打击，标本显示出月岩曾被很强的磁场磁化，而科学家无法解释这些强磁场的来源，双方长期为此争论不休。

有些人认为，38亿~32亿年前，月球曾经有一个熔融的月核，可以产生全球性的磁场。另一些人则认为，在40亿~38亿年前，月球经历过一次大的变动，曾使岩石加热到居里点（大约780℃）以上，当岩石冷却到居里点以下后，在一个数千伽马的磁化磁场中，岩石被磁化，从而获得了剩磁。还有一些人认为，月岩的磁场是在地球磁场或太阳风的作用下产生的。

1998年由美国发射的"月球勘探者号"探测器利用其携带的磁力仪和电子反射谱仪，测量了月球的磁场强度和分布，根据测量结果，一些科学家推断月球的磁性是由撞击形成的。这一新的观点大大加深了月球磁场的性质与成因理论的研究。

月球勘探者

"月球勘探者"是新型的行星际探测器，和以前的探测器相比它具有更高的可靠性和更低廉的造价。飞船上携带了五件科学探测仪器，它的整个研发过程仅用了一年零十个月的时间。

探测器由美国著名的军工企业洛克希德·马丁公司制造。整架探测器很像一个陀螺，体积非常小，装满燃料后仅重295千克，仅仅是一辆轿车重量的四分之一。

1998年1月6日，"月球勘探者"飞船发射升空。105个小时后，飞船到达月球，开始围绕月球的极地轨道运行。勘探者飞船的主要任务是探测月球上是否存在水冰，并绘制月球表面的引力图。

同年3月5日，美国宇航局的科学家宣布，月球勘探者传回的数据表明月球上存在水冰，估计在月球两极存在1100万~3.3亿吨的水冰。

月球磁场的分布

根据电子反射谱仪测定的区域（包括月球雨海和澄海地区）月壳磁场的分布情况，可以看出：通过观察反射系数，说明观察区的磁场的磁感应强度绝大多数在 $1×10^{-7}$~$5×10^{-9}$ 特斯拉范围内；最大的反射率为0.78，表明其对应的磁感应强度达到 $10×10^{-9}$ 特斯拉；在雨海对应区的内环上的磁场也较强；而在冷海周边的对应山环上的磁场稍弱，两个较弱磁场区的中心位置分别为 58°S, 175°E 和 55°S, 188°E。

由于月壳强磁场的分布正好位于大型撞击盆地对应的另一半球，并且形状相同，因而一些科学家认为，这一磁场的强化可能与某一事件有关。超速撞击（速度大于10千米/秒）可形成等离子体云，这一等离子体云滞留于月球上有5分钟左右，从而使原先的偶极磁场得到加强，而被加强了的磁场在等离子体云衰减变薄之前仅可保持1天左右，如此短的时间明显比岩石的冷却时间短，因此，热剩余磁化是不可能的，但在撞击盆地两边（环上）由于撞击溅射作用，撞击剩余磁化是可能的，即撞击坑盆地的溅射物在撞击后的几十分钟内溅落在对峙的环上，同时巨大的冲击压力使它足够产生撞击剩余磁化并保存下来。

什么是等离子体

等离子体又叫做电浆，是由部分电子被剥夺后的原子及原子被电离后产生的正负电子组成的离子化气体状物质。离子体广泛存在于宇宙中，常被视为是在固、液、气三种状态外的物质存在的第四种状态。等离子体是一种很好的导电体，利用经过巧妙设计的磁场可以捕捉、移动和加速等离子体。等离子体物

鲜为人知的月球奥秘

理学的发展为材料、能源、信息、环境空间、空间物理、地球物理等科学的进一步发展提供了新的技术和工艺。

看似"神秘"的等离子体，其实是宇宙中一种常见的物质，在恒星（例如太阳）、闪电中都存在等离子体，它占了整个宇宙的99%。现在人们已经掌握利用电场和磁场来控制等离子体，例如焊工们可以用高温等离子体焊接金属。

等离子体可分为两种：高温等离子体和低温等离子体。现在低温等离子体广泛运用于多种生产领域，例如，婴儿尿布表面防水涂层，等离子电视，啤酒瓶的阻隔性，最重要的是在电脑芯片中的时刻运用，让网络时代成为现实。

月球上的神奇辉光

远远看去，月球是如此美丽恬静。其实多少年来月球的月表依然如故，几乎没有什么变化。一位英国天文学家曾打趣："如果我们带着望远镜回到恐龙时代，会发现，那时的月球与今天所见的完全一样。"

但实际上，月球并非是完全死寂的，它还有许多神秘的局部活动现象（称月面暂现现象）——月面上会出现某种奇异的辉光，散发出一些神秘的云雾，局部地区暂时变暗、变色，甚至有些环形山会突然消失或莫名其妙地变大……

这种月面暂现现象的记载可以追溯到800多年前。1178年6月25日是个娥眉月之夜，英国有5个人在不同的地方同时发现，在弯弯的月钩尖角上有一种奇异的闪光，但当时这些目击者的报告并未引起人们的重视。1783年，天王星发现者威廉·赫歇尔在用望远镜观测月球时，发现"在月球的阴暗部分，有一处地方在发光，其大小和一颗四等红色暗星相仿"。1787年他又观测到了这种

现象，并形容它"好像是燃烧着的木炭，还薄薄地蒙上了一层热灰"。经赫歇尔两次报告之后，送到天文台的这种观测报告日渐增多，至今大约已有1500多篇。

1866年10月16日，曾发现3万多环形山的德国天文学家约翰·西洛塔尔宣称，原来在澄海中的一个他十分熟悉的林奈环形山（直径9.6千米）忽然神秘消失。1868年，有人发现一个原来直径只有500米的小环形山直径已增大到了3千米。

在20世纪，这种观测报告有增无减。英国天文学家穆尔在1949年也连续见到了两次月面上发出的辉光。1958年11月3日和4日，苏联普耳科沃夫天文台的科兹洛夫见到阿尔芬斯环形山的中央峰上有粉红色的喷发现象，并持续了大约半小时之久。他拍下了这次喷发的光谱照片，这是月面暂现现象的第一个科学依据。接着，1963年，洛韦耳天文台也在月面同一地区发现了红色的亮斑……

进入空间探测时代后，登月的宇航员也有类似的发现。第一个踏上月面的阿姆斯特朗在1969年7月20日登月前夕，曾向地面指挥中心报告："我正从北面俯视着阿里斯塔克环形山，那儿有个地方显然比周围区域明亮得多，仿佛正在发出一种淡淡的荧光。"而同一时刻，有两名德国天文爱好者也向柏林天文台报告，他们见到阿里斯塔克环形山的西北部在发光。1992年我国广西也有两名天文爱好者用小型望远镜发现了危海边缘有红光闪烁，长达十几分钟。

据统计，月面暂现现象多数集中在阿里斯塔克及阿尔芬斯两个环形山区域，每处有三四百起，其次是在月面洼地的边缘地区。这些辉光亮暗不一，寿命也有长有短（平均为20分钟左右），涉及的范围大约有几十千米。

对于月面暂现现象，现在几乎已经没有争议了，但其产生的原因却至今不明。有人认为月面上还存在着少量的活火山，是它们的活动造成了这一切；有人认为是太阳风作用于月球造成的荧光；还有人猜测是某种摩擦放电形成的电火花；有些天文学家提出，这是地球对月球的潮汐作用引起的，因为地球对月球的引力要比月球对地球的引力大80多倍；当然也有人把它与"月球人"扯在一起……

其实，月面的各种具体现象，可能是由不同的原因引起的，不能一概而论。例如环形山的变化可能是陨星的轰击引起的。"阿波罗14号"宇航员在登月时，曾在月球上安置了许多种科学仪器，它们曾真实记录了一次月面暂现现象：1972年5月13日，一颗大陨星轰然落在仪器附近的月面上，它与月面的猛烈撞击，使月岩四处飞溅。由于月面重力较小，飞溅过程持续了将近一分钟。事后，陨星撞击处出现了一个直径大约为几十米的坑洞，大小可与足球场相比，当时的4个月震仪都记下了月震曲线。据测算，其能量相当于爆炸1000吨TNT炸药。可以设想，如果陨星较大，是可以毁灭一个较大的环形山的。而有些辉光则是地球对月球的潮汐力造成的，它使月面上某些区域的引力陡增，使月壳内部的气体逸散出来，扬起细细的月尘，在阳光的映射下，就变成我们见到的那些神奇的辉光了。

月球旋转能量来源

地球和月球之间的作用力主要是引力，现在所知道的事实是月球离地球越来越远，如果将月球围绕地球的运动近似地看做是匀速圆周运动的话，那么有可能是地球对月球的作用力的减弱导致地月距离的增加——即地球放松了对月球的拉力，从而使月球依照惯性向更远的轨道离去，那么，是什么因素导致了地球对月球的作用力减弱呢？还有一种可能是月球围绕地球的运动速率的提高导致了月球向更远的轨道离去。同样，是什么因素导致了这个速率的提高呢？这些和潮汐作用有着怎样的联系呢？接下来让我们一起来找出答案。

月球逐渐逃离地球

地球上海水的潮汐是由于月球对地球的起潮力所引起的，仿佛是一种小小的"刹车片"，其长远影响是使地球自转速度逐渐变慢，地球的自转能量被月球一点点地"偷"走了，因此每一百年地球自转周期就要减慢1.5毫秒。这是月球对地球的一道枷锁，紧紧地拉着地球，会使得现代的人们更加感觉度日如年，坐如针毡。

每年，月球都将"偷窃"一些地球的旋转能量，并利用它推动自己在自身轨道上上升3.8厘米，使自己逐渐逃离地球。科学家研究结果表明，在月球刚形成时，它离地球的距离只有2.253万千米，而今天这个数字几乎已增长了20倍，达到了38万千米。由于地球的自转能量被月亮一点点地"偷走"了，导致地球自转速度每10万年就要减慢1.5秒，而月亮也正一点点离我们远去。

月球远离地球的原因

为什么月球会离地球越来越远呢？其实，远离地球的根本原因，是月球引力引起地球上的潮汐现象所产生的。

由于月球公转的角速度，比地球自转的角速度慢，所以地球表面相对于月球，就产生了一个相对运动的速度，由于引力的影响，从而引发了潮汐现象。而由潮汐现象引起的地球表面的变形，使得引力中心偏离原来的引力中心，正是这一原因导致了地球自转速度的减慢和月球公转速度的加快，从而使月球距离地球越来越远。

当然，月球慢慢远离地球我们也可以说是潮汐产生的摩擦力造成的，由于力的作用是相互的，所以地球潮汐的摩擦力与月球所受的摩擦力是相等的，前面说过，由于地球自转比月球公转快，所以月球便从地球上获得能量，从而加快了月球公转的速度。上面的两种说法是一致的。

如果地球上没有水的话，那月球会不会远离地球呢？答案是肯定的，前面所说的潮汐现象并不是专指地球上潮水的潮汐。因为，月球和地球之间存在引力，即使没有水也会引起地球表面的变形，面对月球的一面会受到其引力而隆起，这也可以解释为什么地震常常在夜间发生。事实上，月地之间的引力不仅影响地球表面的海洋水，对于地球表面面对月球一面的空气来说也会受到其引力的影响，只不过如果地球没有水，会减缓月球远离地球的速度。另外，地球本身也不可能是标准的球体，这对月球的运动也有些影响，只不过比较轻微罢了。

随着月球越来越远离地球和地球的自转速度越来越慢，地球上的潮汐现象也会越来越弱。月地之间的相互影响也越来越小，甚至停止。不过这应该是很久以后的事了！

月球离地球越来越远终有一天将升级为行星

如果天文学家提出行星定义新方案，一切将会变得复杂起来。届时，小行星"谷神星"将肯定成为行星。而冥王星唯一的卫星"卡戎"也会加入到这一行列。

美国加州大学圣克鲁斯分校从事太阳系外行星研究的科学家格雷戈里·拉弗林表示，倘若地球及其卫星月球的寿命足够长，最终月球势必被重新划分为行星，这个结论非常令人吃惊。定义行星的新标准是在捷克首都布拉格开幕的国际天文学联合会（IAU）大会上提出的。根据这一定义方法，每个绕太阳旋转的圆形天体就是行星，除非它绕另一颗行星旋转。但这也产生了一个巨大的疑问：如果地心引力的中心（称为重心）在更大的天体外，那么更小的天体就会是行星。这种分类标准将冥王星的卫星"卡戎"升格到行星行列，一些天文学家对此定义提出了严厉的批评。

此外，新的定义方式还产生另外一个问题。地球的卫星月球可能诞生于40亿年前一场灾难性的大碰撞中。最初，月球距地球非常近，但是到后来开始越来越远。月球目前以每年约3.8厘米的速度距离地球渐行渐远。目前，月球的重心在地球内，但这种状况将会有所变化。拉弗林表示："如果地球和月球的寿命确实够长，那么，随着月球与地球之间的距离越来越远，其重心最终将移出地球之外，届时，月球有可能被升格为行星。不知那时我们该对月球如何称呼？"

月球的巨大魔力

我们的祖先分别称日月为太阳、太阴，是说太阳和月亮作为一阳一阴，对地球上的生物、人类是有影响的。实际上，人体生物钟的存在，海洋潮汐现象的存在，某些动物昼夜不同生活习性的形成等，都与日月的影响有关，这已经成为不争的事实。究其根源，这些都与日月的万有引力、磁场、宇宙线及光线（包括直射光和反射光）有很大关系。因为人和生物虽然生活在地球表面，但他们也时时刻刻生活在由日、月形成的地月系统和宇宙场内。月球虽小，但它与地球的距离比其他行星、恒星离地球的距离要近得多（只有38万千米），因此，影响力就显著得多。

月亮圆缺的影响

20世纪70年代，美国伊利诺大学公布了一个有趣的实验结果：蔬菜的生长同月亮的圆缺有关。月圆时，马铃薯块茎淀粉的积聚速度最快，他们认为，这也许同磁场的变化有关。

据美国医学协会的一份报告说，月亮的圆缺可能会使人生病。在满月和弦月这一段时间，有64%的患者会遭受心绞痛的折磨。在地球、太阳和月亮运行到一条直线之前，38%患溃疡病的患者，肠胃会出血。

为什么会产生这种现象呢？一些科学家认为，这可以从万有引力和电磁的变动中找到部分答案。地球和月亮相互作用，可能影响人类一些生理上和心理上的行为变化。

月亮盈亏对人的影响

里瓦选择杀人事件作为研究的题目，用统计学方法对暴力行为进行数量化研究。根据美国迈阿密市15年来发生的杀人事件数量和发生时间所作的统计发现，杀人事件在满月与新月之时明显出现了高峰期，其他暴力事件也是如此。据警察和消防人员提供的资料显示，满月时纽约市的放火事件比平时增加一倍。其他城市也大多如此，放火和伤害事件在满月之夜特别多。据统计，东京消防厅的急救车出动次数在满月之夜也呈高峰状态。里瓦的研究还表明，月龄（表示月亮盈亏的日数）从各方面对人类都存在着影响。结合其他学者对月球力影响的研究，里瓦认为人之所以受到这种影响，是因为生物体有生物钟存在，它与宇宙产生了共鸣。正像潮水有涨有落一样，月球的引力和磁场的周期性变化也会给人类带来周期性的变动，这当然要在人的行动中表现出来。里瓦认为月球的这种力对于能保持自身平衡的人来说影响不大，但是对于那些对月球力敏感的人来说，他们就会因此而成为一个情绪极不稳定和不能抑制冲动的人，就很容易诱发各类案例。

月球的力与妇女分娩的关系

《月的魔力》一书的译者，日本茶水女子大学的藤原正彦副教授受到里瓦的启发，也对"月球的力"进行研究。她的研究课题是"月球的力与分娩的关系"。她从东京和岐阜的两个普通妇产医院得到了2531个婴儿的准确分娩时间。因为考虑到大医院里使用催产素和剖宫产的较多，所以没有从大医院取数据，而是从以上两个普通的妇产医院获取数据；她将取到的数据绘成图来观察，发现满月和新月前后产妇分娩出现高峰，而且在满月和新月两个不同的时间里，绘出的图的形状极其相似，具有一定规律性。

假定影响分娩的是月球和太阳的力（吸引力和离心力），那么将这种力绘制成图，图中曲线的形状也与上图相似。在藤原正彦的论文中写道：就是这种力产生的"扳机"效果引发阵痛而进行分娩。藤原正彦副教授说："一般认为用分娩图来表现月球的圆缺对分娩的影响是相当确切的，所以'扳机'效果数据理论与实际的图相吻合，这一点很有意义。随着今后更多的研究，也许还会发现更多惊人的事实。"

月球内核的形成

几十年来，科学家一直在分析激光束往返地月之间所需要的时间，以期准确测量月球的形状、摆动、与地球的距离以及物理特性。随着研究的进展，科学家们发现，随着地球引力的变化，月球表面的伸缩度可达10.16厘米。这说明月球内部柔韧易弯，处于部分熔化状态。由此，科学家坚信，月球中心有一个熔融的内核。

"阿波罗"飞船上的航天员们用测震仪对月球进行了监测，结果发现从地质学角度讲，月球并不是一个完全死亡的地方。在离月表以下几千米深处有小型月震发生，这被认为是受地球引力作用的结果。有时会有碎片喷出月表，并伴有气体逃逸现象。科学家们认为，月球应该有一个炽热、部分熔化的核心体，就如地心一样。不过，1999年，月球勘探者探测器发回的数据表明，月球的核心很小，是它质量的2%～4%，这个数字与地球相比差距太大（地心占据了地球质量的30%左右）。月球的质心也不在其几何中心，它偏离中心2千米左右。

广角镜——激光束准确测量月球的形状

激光诞生以后不到半个世纪的时间里，已得到了广泛应用。在科学研究中，激光使我们对光的本质有了全新的理解；在工业中，激光在通信系统、精确熔化、抗热材料的钻孔和高精几近完美的直线，其偏差低于1‰，达到了理论值的范围。尽管在空气中长距离"旅行"会减少光束的清晰度，但是，经过望远镜反弹后，光束的偏差还可以进一步减少。因此，激光被广泛用于大型建筑的校准中，如用它来引导机器在管道铺设中进行管道钻孔。

脉冲激光可以被用于雷达探测中，其光束的狭窄度能够对目标进行非常精确的定位。雷达是通过测量光束往返目标所用的时间来计算距离的。脉冲激光雷达所发射出的光线能从地球到达月球再返回地球，月球上的反射器是由第一个登陆月球的宇航员放置在月面上的，通过激光束的往返，人类已计算出月球

鲜为人知的月球奥秘

和地球之间的精确距离，精度达到了厘米。同样道理，地球上两个地方的观察者也可以通过计算激光在两者间往返的时间来算出两点间的准确距离。同样，经过一系列测量之后，可以得知两个地球板块之间哪一块在进行相对的漂移。飞机上的激光雷达可作为绘制精细地图的设备，如一座场馆的边缘走势或一间房屋的屋顶形状。借助脉冲激光雷达的帮助，人们还可以在较高的纬度上获得尘埃甚至空气分子的情况，以此来计算空气的密度，从而可能追踪到气流的走向。

激光光色的纯度异常高，以至于光频中任何一个细小的变化都可以被检测到。被障碍物反射回激光器的光，其增加的频率数会随着障碍物速度的变化而变化。如果障碍物处于相对后退状态，频率就会降低。激光束的亮度和相关性特别适于产生三维立体图像的效果。

探索月球上的智慧动物

宇宙飞船"月球轨道2号"在静海（月球上的平原）上空49千米高度拍摄到月面上有方尖石。美国科学专栏作家桑德森指出，"（这些）方尖石底座的宽度为15米，高为12～22米，甚至有可能达到40米"。法国亚历山大·阿勃拉莫夫博士对这些方尖石的分布做了详细的研究。它计算了方尖石的角度，指出石头的布局是一个"埃及的三角形"。他认为，这些东西在月球表面的分布很像开罗附近吉泽金字塔形的分布……方尖石上许多"侵蚀"产生的几何图形线条，不可能都是"自然界"的产物，在静海的方尖石照片上人们发现了极其正规的长方形图案。

纽约市居民读到那些新闻，无不大感惊异。《纽约太阳报》报道：英国天文学家赫歇尔爵士发现月球上的确有生物。

该报报道，赫歇尔使用一架放大能力为42 000倍的大型望远镜观察月球，极其清晰地认出多种动植物：仅在月球一角，就看到38种森林树木、70多种其他植物和16种动物，其中包括状如驯鹿的小兽、驼鹿、麋、长角的熊、无尾

的两足海獭。

《纽约太阳报》每天都刊载新的发现。记者洛克根据赫歇尔在权威的《爱丁堡科学学报》上发表的报告，为惊奇不已的读者天天报道月球上的景象：有20多米高的紫水晶、大片大片的罂粟田、一座蓝宝石砌成的宏伟庙宇、一群群水牛等。水牛眼睛上长着肉帘，帮助眼睛适应交替的光和黑夜。

更加引起读者兴趣的，自然是发现了月球居民。他们的样子又像人又像兽：高约4尺（约1.3米），全身长满有光泽的紫铜色毛，脸部稍黄，从脸色看来相当聪明。背部有翅，会飞，说话时手舞足蹈，在湖里洗澡。

这些文章轰动一时，《纽约太阳报》销量激增。在此之前，它的销量本来一直下降，这时一跃成为纽约市销量最大的日报。全美国甚至欧洲的报章都转载该报的文章。《纽约太阳报》把文章印成小册子，发行6万份，一销而空。

最令人感到意外的是，洛克的独家新闻竟然是一派胡言。洛克为了扭转《纽约太阳报》销量不断下降的趋势，捏造了整个故事。赫歇尔在开普敦主持的天文台确有一架放大能力不小的望远镜，只是在洛克笔下，体积比实际大了10倍，放大倍数更大了几千倍。《爱丁堡科学学报》这份刊物也是有的，不过已在两年前停刊了。除此之外，一切都是虚构的，只是洛克文笔极好，引用科学资料又恰到好处，很容易令人信以为真。

当然，并非人人都轻易上当。美国天文学界对此就十分怀疑。某天，耶鲁大学的科学家代表团突然找到报馆，要求看看赫歇尔的原文。

洛克施展诡计，推说那些报告在印刷厂里。科学家满腹狐疑，不肯罢休，逼着洛克说出印刷厂的名字和地址，随即赶往印刷厂。

洛克想尽办法，总算在科学家赶到前找到印刷厂老板，说服他欺骗科学家，推说那些文章刚送到别处了。就这样他抄小路走捷径，赶在科学家之前找到他的印刷厂朋友，编造一些谎言，让科学家再找别家印刷厂。他们到处奔波，最后徒劳无功。

在今天看来，这样的骗术也能得逞，实在有点不可思议，可那时通信事业不发达，没有飞机、电话或电视，骗局要好久才会败露。大概过了两三个月，赫歇尔才听到有关自己"惊人发现"这回事，出来澄清真相。事情败露后，洛克自然无地自容，被迫辞去在《纽约太阳报》的职务。

纽约市的居民很快又会在其他报章看到不同的故事，大概总不会轻易忘记这次有关月球的天方夜谭吧。

关于月球存在智能活动的另一种观点是，月球是空心的。当美国"阿波罗11号"宇宙飞船1969年7月20日登陆月球成功以后，不少月岩标本被带回到地球上来，这些样品的分析结果使人吃惊。苏联天体物理学家瓦西尼和晓巴科夫撰文道："月亮可能是外星人的产物，15亿年来，它一直是他们的宇航站。月亮是空心的，在它荒漠的表面下存在着一个极为先进的文明。"

鲜为人知的月球奥秘

月球上真的有月球人存在吗

茫茫宇宙中,月亮这颗美丽的星球作为我们地球唯一的伴侣,几十亿年来,一直形影不离地伴着地球在转动。它那明媚皎洁的光辉,为人类驱除了长夜幽暗,给人们带来了无穷的遐思。

月亮离地球约 38 万千米。千百年来,它始终是人们神往的一个极乐世界。飞到月亮上去,这不仅是嫦娥追求的归宿,更是人们美好的企求。月亮是美丽的,却又是人们猜不透的一个诱人的谜。直到人类迎来了星际航行的时代,人类才逐渐揭开了月亮女神迷人的面纱。

1959 年 10 月 7 日,苏联第三个宇宙火箭装载的自动行星际站从月球背面拍摄了大量的照片,月球背面的奥秘初步被揭开了。1969 年 7 月 16 日,美国成功地发射了"阿波罗 11 号"宇宙飞船,宇航员阿姆斯特朗和奥尔德林,代表全人类,第一次登上了月球。随后 3 年中,人们又先后 5 次登上月球,并在月亮表面设置了一系列科学考察的仪器,月亮表面情况也已一目了然。月亮上没有大气,也没有水,那里是千古不毛之地,死气沉沉的表面没有任何生命,这早已成了人们的常识。

但是,关于月亮的奥秘,它永远不会像一杯开水那么清澄见底,一览无余。就说神秘的月球人吧,他还是会不时地在人们的脑海里兴起微波细澜……

人们常说耳听为虚,眼见为实。"阿波罗 11 号"宇航员阿姆斯特朗在登上月球时,见到的情景是惊人的。他当时在给休斯敦地面指挥中心的报告中说:"这些东西大得惊人。天哪,简直难以置信!我要告诉你们,那里有其他宇宙飞船,它们排列在火山口的另一侧,它们在月球上,它们在注视着我们……"

显然,阿姆斯特朗是不会向地面指挥中心谎报事实的。那么,他所见到的"难以置信"又大得惊人的宇宙飞船,从何而来呢?是外星人早就抢在地球人前面,率先登上了月球吗?前苏联有一位天文学家就曾经在《共青团真理报》

上发表文章,认为"月亮可能是外星人的产物,15亿年来,它一直是他们的宇航站。月亮是空心的,在它荒漠的表面下存在着一个极为先进的文明。"

如果前苏联这位天文学家的见解能够确认的话,那么外星人是从什么遥远的星球上飞到月球上去的呢?他们飞到月球这个"宇航站"以后,又飞到哪里去了呢?是到月球表层下面去了呢,还是在月球上中转了一下,又飞到别的什么星球上了呢?

又假如,阿姆斯特朗见到这些宇宙飞船不是外星人的产物,那就只能是月球人的飞行器了。那么拥有这些大得惊人的宇宙飞船的月球人,又生活在何处?难道在月球表层的下面真的如前苏联那位天文学家所说,有一个极为先进的月球人的文明世界吗?

根据科学家测算,81个月亮加起来,才有地球那么重。这样,可推算出月球的密度只是水的3.34倍,只有地球密度的十分之六。可见月球内部未必确如前苏联那位天文学家所说,是空心,但也确实表明月球内部不像地球内部有一个很紧密的地核。如此说来,月球层下面真的有可能居住着月球人吗?月球人乘着他们那排列在火山口的宇宙飞船,又飞到哪些星体上去了呢?

就在阿姆斯特朗的惊人发现还是一个不解之谜之际,1976年,美国乌姆兰德兄弟出版了一本关于玛雅文化的书。这本书中,作者们专门谈到了玛雅人与月球的关系。书中根据飞碟权威人士特伦奇的资料,煞有介事地说:大约在40年前,天文学家们发现,在月球表面上有一些无法解释的"圆顶物"。到1960年时,已经记录下来的就有200多个。更奇怪的是,人们发现它们还在移动,从月球的一个部位移动向另一个部位。假如说,特伦奇的这些资料来源可信的话,这些无法解释的圆顶物就又是一个令人费解的谜。

现在,人们都一致承认,月面上经常会出现一些人们暂时还解释不了的现象，这些现象就叫做月面暂现现象。那么，这些圆顶物是不是月面暂现现象呢？这些暂现现象是自然现象呢？还是人为现象呢？如果是自然现象，它们为什么又会移动位置呢？如果是人为现象，这个人到底是外星人呢，还是月球人，或者就是乌姆兰德兄弟所说的玛雅人？

与这圆顶物异曲同工的是，据说在月面上，还在大范围内存在着一些令人惊讶的尖顶物。这些尖顶物直径约为15米左右，高从13米到23米不等，这俨然已是像几层楼房那么高大的建筑物了。这些高大的尖顶物也不是乌姆兰德胡编乱造的东西，据他们说，这是苏联"月球9号"和美国"宇航2号"两个卫星在不同时间不同地点拍摄到的月球表面照片上显示出来的。于是，飞碟权威特伦奇又推测它们像是智慧生命放置在那里的。那这个智慧生命又是谁呢？是外星人呢，还是月球人？照乌姆兰特兄弟看来，这个智慧生命有可能就是玛雅人，而且他们就居住在月球表面的下面。

我们知道，月球上没有空气和水，这就使得它的温差变化极大，白天阳光照射，表面温度比沸水还要烫人，高达127℃；夜间照不到阳光，气温骤然降到了-183℃。昼夜反差高达310℃，这是任何人都难以承受的。

在月球表面的下面，就又是另一番世界了。在那里，不必担心温差的巨大变化，也不必担心多如牛毛的小陨星鲁莽地撞击，甚至还有可能寻找到生命赖以生存的氧气和水蒸气。乌姆兰德兄弟认为，在这样的生存环境中，玛雅人凭借他们高度发达的智慧，建立自己高度文明的社会，也不是不可能的。

玛雅人，早在13世纪以前曾经一度在地球上的南美地区建立了自己高度发达的玛雅文化，创建了一个拥有600万人口的十分显赫的印加帝国。后来，他们竟然又莫名其妙地突然从地球上消失。这在人类学上至今还是一个令人百思不得其解的谜团。联系到人们曾一度流传的一种发现，玛雅人在他们建立的一座庙宇的圆形拱门上，勾画了一幅月球背面图。由此看来，人们又不能不产生某种联想：难道地球上的玛雅人，同乌姆兰德兄弟所说的月球上的玛雅人，有什么剪不断、理还乱的渊源或血缘关系？

月球人的谜团还远不止这些。同圆顶物和尖顶物可以媲美的还有方尖石。乌姆兰德兄弟说，美国"月球轨道环行器2号"探测器曾经在月球静海的49千米的上空，拍摄到了这些方尖石的尊容。有个叫阿勃拉莫夫的博士对这些方尖石的角度及分布状况做了精心测算，认为它们简直可以说是位于埃及首都开罗附近的吉萨金字塔的翻版。至于这些方尖石上的许多极其规则的正方形图案，又是自然侵蚀所难以圆满解释的现象。再浮想联翩，上天入地——上天：追溯到5000多万千米以外遥远的火星上，人们已发现有金字塔的蛛丝马迹，美国"海盗1号"火星探测器在火星北半球拍摄到了金字塔城，它们的构图造型与埃及开罗附近大金字塔、巴西原始森林中高达250米的金字塔极其相似；入地：人们在地球上的魔鬼三角区——百慕大三角惊涛翻滚的大洋底下，也发现了金字塔，而且同火星上的金字塔非常相像。难道月球和火星上这些金字塔同玛雅人，以及那些排列在月球表面火山口的宇宙飞船之间，有什么神秘莫测的瓜葛？

关于月球人的谜团，更耸人听闻的还是1986年。有消息说，在月球背面，发现了一座城市，这座城市不仅像地球上的文明古城一样，有高大坚固的城墙，城墙内有清晰可见的巨大建筑物，甚至还有规模恢弘的飞碟基地。报道这消息的是美国的一份叫《太阳报》的报纸，发现这城市的是苏联空间探测器。这消息可靠吗？这发现确凿吗？倘若真的可信，那么，月球上有月球人，似乎已成了无可争议的事实。但是，建立了这样发达文明的月球人，他们如今又在哪里？还生活在那座城市里吗？这难道有可能吗？没有空气，没有水分，他们又何以能够生生不息，繁衍不绝？

让人说不清的还有月球表面那时隐时现，忽明忽暗的神秘辉光。800多年前，英国有5个人从不同地方同时看到了月亮上的一种闪光；200多年前的1783年和1787年，发现天王星的威廉·赫歇尔不但先后两次看到了月亮上的闪光，甚至还从望远镜中看到这种闪光好像是燃烧着的木炭，还薄薄地蒙上了一层热灰，就差没有看到月球人在煽风点火，引火自焚了。到20世纪，关于月球神秘辉光的观测报告有增无减。英国、前苏联和美国天文学家们都先后多次看到了月亮上的辉光，颜色或者粉红，或者大红，时间长短也不一致，其中前苏联天文学家观测到一次粉红色的光焰喷发达半小时之久，拍下的光谱照片历历在目。直到1969年7月20日，宇航员阿姆斯特朗在登上月球的前一天，也向地面指挥中心报告，他在俯视阿里斯塔克环形山时，发现那个地方显然比周围地区明亮得多，仿佛正在发出一种淡淡的荧光。更巧的是，与此同时，跟在太空登月的宇航员阿姆斯特朗遥相呼应，地球上的两名德国天文爱好者也不谋而合，向柏林天文台报告，他们见到了阿里斯塔克环形山那儿的神奇辉光。天上人间，交相辉映，可见报告者们看到的并非是虚幻的景象。

据不完全统计，迄今为止，天文台收到这类并非是虚幻景象的观测报告已达1400多起。它们大多集中在阿里斯塔克及阿尔芬斯两个环形山区域。这些辉光的光源究竟在哪里？是月亮上活火山喷发形成的吗？是太阳风与月球相互作用形成的荧光吗？是地球对月球的潮汐作用形成的吗？人们的设想可谓众说纷纭。但是谁也不能说自己的设想就符合这些神奇辉光的实际，更没有人能说清楚这些辉光为什么相对集中在阿里斯塔克和阿尔芬斯两个环形山区地带。于是，有人又难免把这些神奇的辉光推想成是月球人的杰作。

科学只相信事实，不相信传说。我们虽然没有充分证据对月球上的圆顶物、尖顶物、方尖石，乃至月球城市和美国轰炸机等奇迹加以否定，也没法对神奇的月球辉光作出合理的解释，但是相信，在科学技术日益发展的未来，这些谜团被也将一一被解开。

月球上有水存在吗

1996 年，美国的一些科学家在分析 1994 年发射的"克莱门汀 1 号"探测器所拍摄的月面照片时，突然有了新发现：月球南极有冰湖！

这是令人难以相信的事实。在 20 世纪 60～70 年代，美国先后发射了 6 艘"阿波罗"载人登月飞船和其他数十个无人月球探测器，都没有发现过月球上冰水的痕迹。再说这次"克莱门汀 1 号"所拍摄的 1500 张月球南极照片中，只有 1 张被认为是月球冰湖的照片。因此有人怀疑，金属含量较高的岩石也有可能产生与水的反射图像相同的雷达照片。

于是，1998 年 1 月 6 日，美国又派出"月球勘探者号"探测器，专门去寻找月球的水资源。探测器携带了更先进的找水仪器，叫"中子光谱仪"。它对氢原子非常敏感，可以探测到月面水分子中的氢原子。仪器的灵敏度相当于可以在 1 立方米的月球土壤中探测出一杯水的含量。

"功夫不负有心人"。经过"月球勘探者号"探测器对月表面做了 7 星期的扫描后发现，月球南北两极陨石坑（也称盆地）底部的土质很松，里面有大量

101

的氢，并表明土下面有冰碴，而北极的冰相当于南极的2倍。经过研究分析，在当年3月5日，美国航天局向全球发布了一条振奋人心的消息：美国发射的"月球勘探者号"探测器发现月球两极存在大量冰态水，其储量为0.1亿~3亿吨，分布在月球北极近5万平方千米和南极近2万平方千米的范围内。

几十年前就有科学家提出，月球南极的大谷地中可能有上十亿吨的冰。这些冰的一部分是被阳光蒸发的月球水的残留物，另一大部分是来自坠落在月球上的彗星。那么为什么过去那么多次的探月都没有发现呢？

一些学者解释说，月面大气压力不到地球大气压的一万亿分之一；在月球上阳光射到的地方，月面的温度可达到130~150℃。因此，对于沸点远低于100℃的月球液态水来说，很容易沸腾蒸发。再一点是月球质量小，引力薄弱，根本无力缚住水蒸气，致使月球上气态水逃逸殆尽，不留踪迹。

然而，月球的两极非常特殊。拿月球南极来说，有一个叫艾物肯的盆地，就被认为是陨石撞击形成的。它的直径有2500千米，深约13千米，黑暗幽深，终日不见阳光，温度一直保持在-230℃以下，因而可成为固态水——冰的藏身之地。

月球有遭受彗星之类小天体碰撞的经历，而彗星的含水量为30%~80%，彗星中水蒸气含水量则高达90%。所以，科学家认为，月球上水的来源之一是彗星撞击的结果。

天文物理学家推断，月球两极隐蔽的火山口和盆地也许从月球诞生开始就没有受过太阳的照射。像冰箱里的水汽在冷冻室里凝结成霜一样，月球上的水分在阳光照射下蒸发，然后又都在这些寒冷阴暗的火山口和盆地凝结起来。此外碰撞月球的彗星和水行星碎片也会给月面带来水分，它们最终都凝结在月球南北极。由于过去探测月球都是在月球赤道附近，因此对月球两极很少了解，极冰之谜也就一直未揭开。

为求证月球是否有水，美国科学家高德斯坦提出了用月球勘探者"暴力寻冰"的建议。因此，美国宇航局选择在1999年7月31日月球勘探者寿命走到尽头这一天，用它来撞击月球南极的一个陨石坑。当重达160千克的探测器以每小时6000多千米的速度撞进3.2千米深的月球陨石坑时，如果冰层确实被压在冰土里，这撞击力足以使冰层释出一团水蒸气。但遗憾的是，探测器已准确击中目标，却并没有探测到任何预期可见的水蒸气云雾。据说美国科学家还在利用哈勃望远镜等仪器进行详细观测，分析结果还需再等待几个月。

水是生命之源。月球上发现了水，人们就问：会不会有生命存在呢？即使原先没有任何生命痕迹的星球，也可以从宇宙空间别的星球带来。这里有一个有趣的故事，对月球上生命之谜也是一个探索的例证。

1967年4月，一架名叫"勘测者3号"的无人驾驶飞船在月球表面软着陆了。它是为即将登月的宇航员们探路的，完成任务之后，电源也用完了，它就成为一件"历史文物"，默默地用三条腿站在月球上。

三年之后的1970年11月19日，一个登月舱降落在离它183米的地方。舱内走出第二批登月的宇航员康拉德和比恩，他们登月的任务之一就是拜访这个寂寞的"勘探者3号"。于是，他们剪断电缆，拆下了"勘探者3号"上的摄像机，还取走了另外三个零部件，一起带回了地球。

令人惊奇的事情发生了。那架摄像机被带回休斯敦几个月后，一位微生物

鲜为人知的月球奥秘

学家从垫在摄像机电路系统内的一小块聚氨基甲酸酯泡沫塑料中成功地培养出了一批细菌。这批细菌和人类气管中找到的微生物属于同一类型，所以它们不是一种陌生的生物。因摄像机的外壳隔开了宇航员，他们不会沾染这块泡沫塑料。因此，科学家认为，细菌是在月球上滋生的，在一个本来不利的环境里，由于摄像机的保护，竟能生存1000多天。

由此可以得出结论，是摄像机的金属外壳保护了这些细菌，那么一块陨石就更能保护它内部的小生命体了。所以某种微生物穿过星际空间来到地球或另外的星球是完全可能的。一旦遇到适合的环境，就会大肆繁殖起来。

那么月球上到底有没有生命？或者过去是否存在过生命？现在还没人能确切回答这个问题。

如果月亮消失了会怎样

世界上有一些幻想只有白天没有黑夜的世界的狂人，曾试图摧毁月亮。20世纪50年代，某超级大国的科学怪人曾经开展过在月球上进行核爆炸的研究计划，甚至有人计算出"只要向月球上发射3颗氢弹，这个星球就可以永远从我们的面前消失"。这有可能吗？非常有可能！科学技术能造福人类，也能让人"自取灭亡"！在核武器面前，地球都不堪一击，更何况是那嫦娥之宫、玉兔之窟。

很多科学家认为人类的侵略、谋杀、投毒等罪行和抑郁、心脏病等痛苦，都与月亮的盈亏有关。既然月亮有时会成为人类灾难的罪魁祸首，那么如果我们设法使月亮消失，情况将会怎样呢？

人类曾试图毁灭月球

事实上，早在1958年初，苏联就在绝密的情况下开展了在月球上实现核爆炸的研究。研究者试图在月球上引爆核弹，在地球上用分光计分析核爆炸中腾起的月球土壤微粒，以此来了解月球土壤的化学成分。苏联的一些著名人士曾经提出，要让全世界看到月面核爆炸的明亮闪光，以此来展示苏联的无穷威力。当年，苏联中央第一实验设计局就此展开了对相关方案的详细研究。如果相关方案实施的话，月球可能已经面目全非了。

幸运的是，相关方案在技术设计的制定阶段就被终止了。因为没有人能百分之百保证可以安全地将核弹送上月球。一旦运载火箭的第一级或第二级出现故障，核弹就可能掉在苏联境内；如果第三级出故障或核弹最终只进入地球轨道，那么核弹可能会坠落在其他国家。不管是哪种情况，恐怖的前景都无法想象，人类也无法承担失败的结果。此外，苏联开展的理论研究表明，即使月球上升起蘑菇云，从地球上测得的光谱也只能知晓爆炸物的组成，而对于研究月球的化学成分帮助不大。

无独有偶，在20世纪50年代，美国也有一个叫阿比恩的狂人，根据他的计算，只要向月球上发射3颗氢弹，这个星球就可以从我们的面前永远消失。阿比恩的建议一出，立即引起世界的一片哗然。一些科学家分析，如果真的在月球上引爆3颗氢弹，月球可能未必消失，地球则必定大祸临头。在月球面前，1枚大氢弹仅相当于1颗直径数10米的陨星的一次轰击，3颗氢弹合在一起顶多使月面上增加一个小环形山而已。月球上的环形山众多，再增多一个也无碍大局。而月球上氢弹爆炸掀起的无数巨石必然会有一部分砸向地球。一块直径100米左右，速度为5千米/秒的巨石，其威力不亚于70颗氢弹。一颗氢弹落在地球上就会造成生灵涂炭，产生难以预料的后果。70颗氢弹的威力，地球难以承受。而且月球炸开的小尘土和微粒会弥散开来，在地月轨道上形成尘环。尘环产生的巨大阴影将使地球上许多地方不见天日，温度骤降，地球将重新步入冰河期。

假设：月球消失

月球一旦消失，潮汐作用会发生变化，地球自转速度也会突然变慢。这样一个"急刹车"将会造成一场全球性的20级特大飓风；赤道处的风速可达80米/秒，很多高层建筑会齐刷刷地倾倒；飓风会引发海啸，将会惊涛拍岸卷起千层浪，以雷霆万钧之力吞噬一切；地球上的绝大多数动物经不起这样的"考验"，而幸免于难的必然会退化成低矮、强壮，并且有外壳保护的怪模样。更为严重的是，如果地球真的失去了月球，那么目前不显山不露水的太阳潮汐力就会取代月亮潮汐力向地球发威。若干年后，地球自转时间将等同于公转时间，地球被逼无奈只得同太阳作"同步自转"。届时，地球半边将是永恒的白天，昼夜不分，万物焦枯；另外半边则是永远冰冷的黑暗，冰天雪地，暗无天日。

不是假设：月球正远离地球

月球是地球唯一的一颗卫星。亿万年前月球就开始沿着自己的轨道绕地球旋转，日复一日，年复一年。人们对此已经习以为常。但是，你知道吗？事实上，月球正悄悄从地球身边溜走！

地球上的潮汐现象主要由月球的作用产生。由于月球绕地球旋转，地球上的海洋受月球引力的作用，面对月球的那一面就出现涨潮现象。而远离月球的另一面由于惯性离心力的作用，也会出现涨潮现象。

在这种现象背后，隐藏着一个鲜为人知的秘密：地球自转的能量被月球一点一点地"偷"走了。因此，每隔100年地球的自转周期就延长1.5毫秒。地球上的一天也从最初的4小时变成今天的24小时，未来的一天可能超过24小时。

月球利用巨大的潮汐从地球身上吸取自转的能量，并利用这个能量让自己从轨道上每年向外偏3.8厘米。地月距离也已从刚开始的2.2万多千米，拉大到了38万多千米。随着时间的推移，月球还会越走越远，并最终脱离地球的视线。

有月球相伴的日子，我们没有感到它的重要性，可是一旦它消失了，问题就严重了。科学家们预测，没有了月球这个稳定器，地轴再也不可能以稳定的倾斜角绕太阳转动了。地轴来回摆动，地球就会失去平衡，气候也将出现剧烈变化，风将以每小时数百千米的速度掠过，沙暴将肆虐无常，气温将在-100℃和100℃之间跳跃，冰川将融化，陆地将淹没。那将是多么可怕的情形啊！

科学家为阻止月球消失的大胆想法

为了阻止月球后退和消失，有科学家提出在海中筑坝，这可以降低海洋潮

鲜为人知的月球奥秘

汐的巨大威力，减缓地球能量被月球偷走。但是，在海中筑坝目前还真是难事。

最近，一位美国科学家提出了一个更为大胆的想法：既然阻挡不住月球后退，那就另辟蹊径。木星的卫星众多，不妨"借"一颗来用，也就是说捕获一颗木星卫星，将其停放在月球轨道上，充当月球的替身，来帮助地球摆平因月球后退和消失而造成的混乱。

这些计划是否可行还另当别论。但是，月球的后退是事实。它的消失尽管遥远，却也不是无稽之谈。就像关心人类的命运一样，月球和地球的未来也需要大家去关注！

万花筒——月亮突然消失对各个职业的影响

月亮永远是温和的象征，带着一种柔和的光，给人一份温柔的感觉和一股含情脉脉的气韵……假使月亮突然间消失了，一切一切又将会是怎样呢？

首先，可难为了语文教师。月亮突然消失了，一切诗情画意都不复存在。在寂夜之中，只有渺小的星星在眨着眼。一切思念无以寄托，让教师如何教学生学习歌词诗赋呢？"举杯邀明月，对影成三人""月有阴晴圆缺，此事古难全，但愿人长久，千里共婵娟"这一系列诸如此类的诗句都无从谈起，硬邦邦的语文课从此诞生……

假如月亮真的突然间消失了，受害最深的莫过于准备要在月亮观测的科学

家了。他们的所有成果都在一刹那成了废物。他们连最后的目标都失去了。如何向宇宙进军呢？不甘心的科学家只好转行去做考古专家了，致力于研究月亮为何突然消失了。

对月亮的突然消失，最开心的莫过于小偷了。月亮，这个黑夜中他们"工作"的唯一阻碍已经消失，在黑夜里，利用他们历经多年练就的身手和尖锐的眼睛，就可以为所欲为。大概从此以后许多人会去做贼吧！月亮突然消失，不引起轰动的话绝对是奇迹！我们可以想象，月亮消失的那晚，报纸杂志的编辑同志们会通宵忙于工作，一份份关于月亮消失的报道纷纷出来，哪怕只有一丝关联的事也不会被忽视，人们的议论可想而知……

但是一切都会过去。人类有一种很好的精神，叫"习惯"。当一切习以为常的时候，他们也就乐于过没有月亮的日子了。只是届时"月亮"将会变成未解之谜……

月宫科考的"智能管家"

"嫦娥一号"卫星要探取月球的宝贵信息,就需要在地面上有一个"管家",告诉它怎样使用各种科学探测仪器;当探测的信息源源不断地从天外发回地球时,地面上的这个"管家"还要接收、处理和管理这些信息。这个连接着"天"与"地"的"管家",就是"嫦娥工程"中的地面应用系统。

地面应用系统的核心任务是进行数据处理。以数据为纽带,地面应用系统分为五个分系统,即运行管理分系统、数据接收分系统、数据预处理分系统、科学应用和研究分系统、数据管理分系统等。

(1)运行管理分系统。

该系统负责指挥调度数据采集。通俗地讲,运行管理分系统把接收天线;另一个,位于云南昆明的40米望远镜。这两座天线把从"嫦娥一号"卫星传送来的信息全部收集起来,通过与天线配套的接收系统,送到落地存储系统中。

（2）数据预处理分系统。

该系统负责数据预处理。通过天线接收的数据是二进制的，不是广大科学家能使用的图像、谱线等，还需要进行数据的预先处理。这个系统的最大特点是全自动化作业，像流水线作业一样按照预先设定的程序自动生产出合格的数据产品。这些产品就像工厂里的标准件一样，称为标准数据产品。

（3）科学应用和研究分系统。

该系统负责数据深加工。通过预处理的数据是广大科学家都能识别的标准数据，但还不能为公众所理解。所以就需要对这些数据产品进行"深加工"，形成直观地反映月球表面各种特征的图。这个系统是整个探月工程数据处理的最后一道工序，例如把"嫦娥一号"卫星传回的信息转变成看得见、摸得着，形象生动的图件和文章。

（4）数据管理分系统。

该系统负责数据管理。从数据接收开始，到数据预处理和深加工，每一个小工序都将产生大量的数据文件，数据管理分系统负责存储海量数据以便随时调用和长期保存。经过"数据编目"和"数据储存"后，"数据取出"是数据管理中更为核心的内容。在"取"的过程中涉及"身份认证"，用户只要通过身份认证，确认登记，就能根据自己的权限，获得相应的数据。

"嫦娥工程"的最大考验是测控系统，测控系统的通信能力要达到足够远

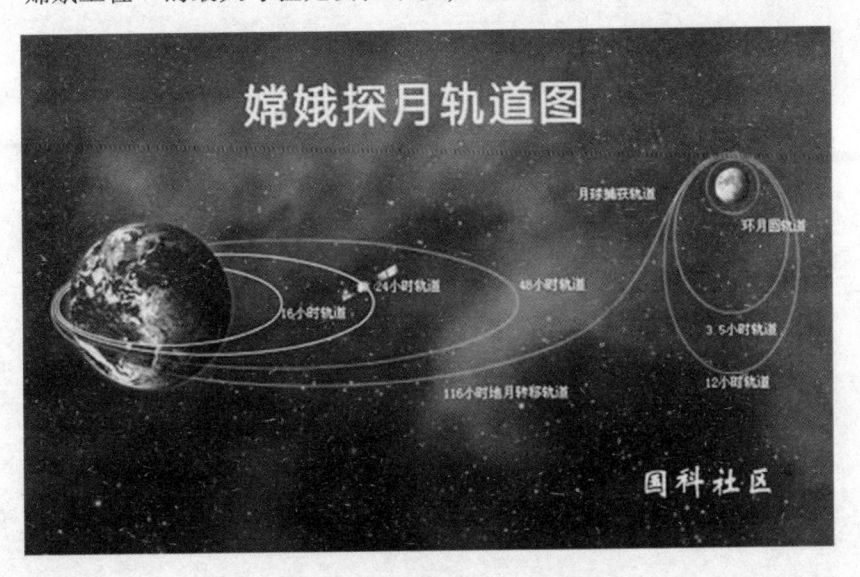

的距离。目前我国卫星飞离地球最远的距离不到8万千米，而月球距地球约38万千米，这就给测控系统的通信能力带来了挑战；另外，卫星飞往月球的过程中和运行期间，特别是在月球捕获阶段，要进行多次姿态调整，需要更加精确、实时的测控，目前采用的航天测控网和天文观测网相结合的办法，基本可满足要求。

　　探月工程的核心是实现从地球走向月球，充分利用我国现有的成熟的航天技术，研制和发射月球探测卫星，突破并实现地月飞行、远距离测控和通信、绕月飞行、月球遥测与分析等技术，并建立我国探测月球航天工程的初步系统。

探秘月球真相

月球，跟随地球不知多少年了？也许在地球上还没有人类之前，它就在天天看着地球。以前，大家都说月亮里有一座广寒宫，住着一位古代美女嫦娥、一只白兔，还有一位天天在砍伐桂树的吴刚。

然而，1969年7月16日，美国"阿波罗11号"宇宙飞船登陆月球，并没有看到广寒宫，也没有找到嫦娥和白兔，更没有桂树和吴刚，于是许多人的美丽幻想成了泡沫。

但是，时至今日，航天员登陆月球已有44年了，人类对月球的了解不但增加，反而从航天员留在月球的仪器上，得到更多不解的资料，让科学家愈来愈迷惑。每当夜晚有人抬头望向月球之时，会产生既熟悉又陌生的复杂情绪，不

鲜为人知的月球奥秘

禁要问：月亮呀！可不可以告诉我们，你的真相？

事实上，时至今日，"月球来自何处"这个问题，仍是天文学未定之论。也因此任何人都可以提出自己对月球起源的看法，不管多离奇，他人是不能用任何"小科学"的字眼来批评的。

现在举出一个大家都想不到的天文上的奇妙现象，请大家用心想一想。月球离地球，平均距离约为 38 万千米。太阳离地球，平均距离约为 1 亿 5000 万千米。两两相除，我们得到太阳到地球的距离约为月球到地球的 395 倍远。

太阳直径约为 139 万千米，月球直径约为 3400 多千米，两两相除，太阳直径约为月球的 395 倍大。395 倍，多么巧合的数字，它在告诉我们什么信息？

大家想想看，太阳直径是月球的 395 倍大，但是太阳离地球是月球离地球的 395 倍远，那么，由于距离抵消了大小，使日、月这两个天体在地球上空看起来，它们的圆面就变得一样大了！

这个现象是自然界产生的，还是人为的？宇宙中哪有如此巧合的天体？

从地面上看过去，两个约略同大的天体，一个管白天，一个管黑夜，太阳系中，还没有第二个同例。著名科学家艾西莫夫曾说过："从各种资料和法则来衡量，月球不应该出现在那里。"他又说："月球正好大到能造成日蚀，小到仍能让人看到日冕，在天文学上找不出理由解释此种现象，这真是巧合中的巧合！"

难道只是巧合吗？有些科学家并不这么认为。科学家谢顿在《赢得月亮》一书中说："要使宇宙飞船在轨道上运行，必须以超过 30 000 千米/小时的速度在 160 多千米的太空中飞行才可以达成平衡；同理，月球要留在现有轨道上，与地球引力取得平衡，也需有精确的速度、重量和高度才行。"

问题是：这样的条件不是自然天体做得到的，那么，为何如此？

太阳系的行星拥有卫星，这是自然现象，但是我们的地球却拥有一个大得有点"不自然"的卫星——月球，也就是说作为一个卫星，月球的体积和其行星——地球相比实在是太大了。

我们来看看下列数据：地球直径 12 756 千米，其卫星月球直径 3467 千米，是地球的 27%。火星直径 6787 千米，有两个卫星，大的直径有 23 千米，是火星的 0.34%。木星直径 142 800 千米，有 13 个卫星，最大的一个直径 5000 千米，是木星的 3.5%。土星直径 12 万千米，有 23 个卫星，最大的一个直径

4500千米，是土星的3.73%。

看一看，其他行星的卫星，直径都没有超过母星的5%，但是月球却大到27%，这样比较之后，是不是发现月球实在大得不自然了。这个资料，也在告诉我们，月球的确不寻常。

科学家告诉我们，月球表面的坑洞是陨石和彗星撞击形成的。地球上也有些陨石坑，科学家计算出来，若是一颗直径约16千米的陨石，以每秒约4.8万千米的速度（等于100万吨黄色炸药的威力）撞到地球或月球，它所穿透的深度应该是直径的4~5倍。

地球上的陨石坑就是如此，但是月球上的就奇怪了，所有的陨石坑竟然都很浅，月球表面最深的加格林坑只有约6.4千米，但它的直径有约297千米宽！直径约297千米，深度最少应该有1120千米，但是事实上加格林坑的深度只是直径的2%而已，这是当今科学上的不可能。为什么如此？天文学家无法圆满解释，也不去解释，因为他们心里清楚，一解释就会推翻所有已知的月球知识。

因此，只能认为月球表面约6.4千米的深处有一层很坚硬的物质结构，无法让陨石穿透，所以，才使所有的陨石坑都很浅。那么，那一层很硬的物质结构是什么呢？

月球陨石坑有极多的熔岩，这不奇怪，奇怪的是这些熔岩含有大量的地球

上极稀有的金属元素，如钛、铬、钇等，这些金属都很坚硬、耐高温、抗腐蚀。科学家估计，要熔化这些金属元素，至少得在二千摄氏度以上的高温，可是月球是太空中一颗死寂的冷星球，起码30亿年以来就没有火山活动，因此月球上如何产生如此多需要高温的金属元素呢？

而且，科学家分析航天员带回来的380千克月球土壤样品后，竟发现其含有纯铁和纯钛，这又是自然界的不可能，因为自然界不会有纯铁矿。

这些无法解释的事实表示了什么？表示这些金属不是自然形成的，而是人为提炼的。那么问题就来了，是谁在什么时候提炼这些金属的？

月球永远以同一面对着地球，它的背面直到宇宙飞船上去拍照后，人类才能窥视其容颜。以前天文学家认为月球背面应和正面差不多，也有很多陨石坑和熔岩海。但是，宇宙飞船照片却显示大为不同，月球背面竟然相当崎岖不平，绝大多数是小陨石坑和山脉，只有很少的熔岩海。面对此种差异性，科学家无法想出答案。理论上，月球是太空中自然星体，不管哪一面受到太空中陨石撞击的概率都应该相同，怎会有前后之分呢？

月球为何永远以同一面向着地球？科学家说法是它以每小时16.56千米的速度自转，另一方面也在绕着地球公转，它自转一周的时间正好和公转一周的时间相同，所以月球永远以一面向着地球。

太阳系其他行星的卫星都没有这种情形，为何月球正好如此，这又是一种巧合中的巧合吗？难道除了巧合之外，就不能找到一些其他的解释吗？

月球曾发生过不少无解的现象，数百年来的天文学家不知已看过多少次了。1671年，300多年前的科学家卡西尼就曾发现月球上出现一片云。1976年4月，现代天文学之父威廉·赫塞尔发现月球表面似乎有火山爆发，但是科学家认为月球在过去30亿年来已没有火山活动了，那么这些火山又是什么？

1843年，曾绘制数百张月球地图的德国天文学家约翰史谷脱发现原来约有10千米宽的利尼坑正在逐渐变小，如今，利尼坑只是一个小点，周围全是白色沉积物，科学家不知原因为何？

1882年4月24日，科学家发现月球表面亚里士多德区出现不明移动物体。1945年10月19日，月面达尔文墙出现三个明亮光点。1954年7月6日晚上，美国明尼苏达州天文台台长和其助手，观察到皮克洛米尼坑里面，出现一道黑线，过不久就消失了。1955年9月8日，泰洛斯坑边缘出现二次闪光。1956年

9月29日。日本明治大学的丰田博士观察到数个黑色物体，似乎排列成"DYAX"和"JWA"字形。

1966年2月4日，苏联无人探测船"月神9号"登陆雨海后，拍到两排塔状结构物，距离相等，依凡桑德生博士说："它们能形成很强的日光反射，很像跑道旁的记号。"伊凡诺夫博士从其阴影长度估计，大约有15层楼高，他还说："附近没有任何高地能使这些岩石滚落到现在的位置，并且成几何形式排列。"

另外，"月神9号"也在"风暴海"边缘拍到了一个神秘洞穴，月球专家威金斯博士因为自己也曾在卡西尼A坑发现一个巨大洞穴，因此他相信这些圆洞是通往月球内部的。

1966年11月20日，美国"轨道2号"探测船在距"宁静海"46千米的高空上，拍到数个金字塔形结构物，科学家估计高度在15～25米高，也是以几何形式排列，而且颜色比周围岩石和土壤要淡，显然不是自然物。1967年9月11日，天文学家组成的蒙特娄小组发现"宁静海"出现了"四周呈紫色的黑云"。

这些奇异现象，不是一般的外行人发现，全是天文学家和太空探测器的报告，这就意味着：月球上有人类未知的秘密。

鲜为人知的月球奥秘

1968年11月24日,"阿波罗8号"宇宙飞船在调查将来的登陆地点时,遇到一个巨大、约26平方千米的大UFO,但在绕行第二圈时,就没有再看到此物。它是什么？没人知晓。

"太阳神10号"宇宙飞船也在离月面上空16 600米的地方,发现突然有一个不明物体飞升,接近他们,这次遭遇被拍成了纪录片。

1969年7月19日,"阿波罗11号"宇宙飞船载着三位航天员奔向月球,他们将成为第一批踏上月球的地球人,但是在奔月途中,航天员看到前方有个不寻常物体,起初以为是"农神4号"火箭推进器,便呼叫太空中心确认一下,谁知太空中心告诉他们,"农神4号"推进器距他们大约有9600千米远。航天员用双筒望远镜看,那个物体呈L状,阿姆斯特朗说:"像个打开的手提箱。"再用六分仪去看,像个圆筒状。另一位航天员艾德林说:"我们也看到数个小物体掠过,当时有点振动,然后,又看到这较亮的物体掠过。"

7月21日,当艾德林进入登月小艇做最后系统检查时,突然出现两个UFO,其中一个较大且亮,速度极快,从前方平行飞过后就消失了,数秒钟后再次出现,此时两个物体中间射出光束互相连接,又突然分开,以极快的速度上升消失。

在航天员要正式降落月球时,控制台呼叫:"那里是什么？任务控制台呼叫'阿波罗11号'。""阿波罗11号"竟如此回答:"这些宝贝好巨大,先生……很多……噢,天呀！你无法相信,我告诉你,那里有其他的宇宙飞船……在远处的环形坑边缘,排列着,……它们在月球上注视着我们……"

苏俄科学家阿查查博士说:"根据我们截获的电信显示,在宇宙飞船登陆时,与UFO接触之事马上被报告出来。"

1969年11月20日,"阿波罗12号"航天员康拉德和比安登陆月球时,发现UFO。1971年8月"阿波罗15号",1972年4月"阿波罗16号",1972年12月"阿波罗17号"等的航天员也都在登陆月球时见过UFO。

科学家盖利曾说过:"几乎所有航天员都曾见过不明飞行物体。"第六位登月的航天员艾德华说:"现在只有一个问题,就是它们来自何处？"

第九位登月的航天员约翰·杨格说:"如果你不信,就好像不相信一件确定的事。"1979年,美国太空总署前任通信部主任莫里士·查特连表示"与UFO相遇"在总署里是一平常事,并说:"所有宇宙飞船都曾在一定距离或极近距离内被 UFO 跟踪过，每当一发生，航天员便和任务中心通话。"

数年后，阿姆斯特朗透露一些内容："它真是不可思议……我们都被警示过，在月球上曾有城市或太空站，是不容置疑的……我只能说，他们的宇宙飞船比我们的还优异，它们真的很大……"

数以千计的月球神秘现象，如神秘闪光、白云、黑云、结构物、UFO 等，全都是天文学家和科学家共睹的事实，但这些现象一直未有合理解释，到底是为什么呢？

1970 年，苏联科学家柴巴可夫和米凯威新提出一个令人震惊的"宇宙飞船月球"理论，来解释月球起源。他们认为月球事实上不是地球的自然卫星，而是一颗经过某种智慧生物改造的星体，挖掘后改造成宇宙飞船，其内部载有许多该文明的资料，月球是被有意地置放在地球上空的。因此所有的月球神秘发现，全是至今仍生活在月球内部的高等生物的杰作。

当然这个说法被科学界嗤之以鼻，因为科学界还没有找到高等智慧的外星人。但是，不容否认，确实有许多资料显示月球应该是"空心"的。

最令科学家不解的是，登月航天员放置在月球表面的不少仪器，其中有"月震仪"，专用来测量月球的地壳震动状况，结果，发现震波只是从震中向月球表层四周扩散出去，而没有向月球内部扩散的波，这个事实显示月球内部是空心的，只有一层月壳而已！因为，若是实心的月球，震波也应该朝内部扩散才对，怎么只在月表扩散呢？

现在，我们可以来重新架构月球理论了：月球是空心的，月壳分为两层，外壳是岩石及矿物层，像是自然的星体，由于陨石撞击月球后，只能穿透这一层，已知陨石坑的深度都不深，最深的只有 6.44 千米，所以此层厚度最多 8 千米。月球内壳是坚硬的人造金属层，厚度不知道，也许只有 16 千米左右，成分含有铁、钛、铬等，能耐高温、高压、腐蚀，是一种地球人未知的合成金属。

因为航天员安装在月球表面的月震仪显示震波只在月表传递，而不深入内部，可见月球的确只有这两层月壳。既然如此，月球就不是自然界的，它是人造的，造它的"人"经过精细计算，将月球从他们的星系移到太阳系来，摆在现在的位置，使地面上的人能在夜间看到它，而且和太阳一样大。所以，月球起源的三种理论都不对。

"造月的人"让月球永远以一面向着地球，因为这一面有不少控制地球的

119

设备。他们自己住在月球背面的内部，因为月球表面日夜温差太大，中午最高温度为127℃，夜间最低温度是-183℃，不适合居住，所以都住在内部。他们已建造了飞碟，经常飞出外面做些研究或修护仪器，并注意地球人的动静，有时被地球航天员看到，有时被地面上的望远镜观测到。"造月的人"是哪一种外星人？他们来此有多久了？我们目前都还不知道。也许不久，地球人就能知道月球的真相了。

月球奥秘

月球上丰富的矿产资源

丰富的矿藏

月球上有丰富的矿藏，月球上稀有金属的储藏量比地球还多。在月球上广泛分布的岩石中，蕴藏有丰富的钛、铁、铀、钍、稀土、镁、磷、硅、钠、钾、镍、铬、锰等矿产，仅月海玄武岩中含有可开采利用的钛铁矿含量就可达10%~20%。月球上的岩石主要有三种类型，第一种是富含铁、钛的月海玄武岩；第二种是斜长岩，富含钾、稀土和磷等，主要分布在月球高地；第三种主要是由0.1~1毫米的岩屑颗粒组成的角砾岩。月球岩石中含有地球中全部元素中60种左右的矿物，其中6种矿物是地球没有的。

根据"阿波罗"等飞船及系列月球探测器从月球上带回的样品分析，月球上钛铁矿、稀土元素丰富，磷、钾、钍、铀等元素的储量也很丰富。此外，月球上还蕴藏有丰富的铬、镍、镁、硅等金属矿产资源。随着人类航天科学技术的发展和进步，当月球与地球之间的"来往"成本降低到我们可以接受时，对

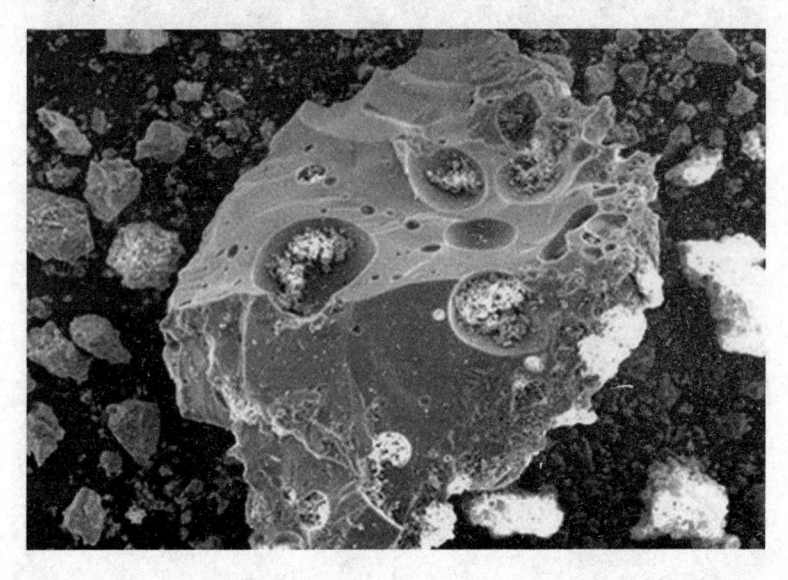

这些矿产资源的开发利用将成为必然。

月球的矿产资源极为丰富，地球上最常见的 17 种元素，在月球上比比皆是。以铁为例，仅月面表层 5 厘米厚的沙土就含有上亿吨铁，而整个月球表面平均有 10 米厚的沙土。月球表层的铁不仅异常丰富，而且便于开采和冶炼。据悉，月球上的铁主要是氧化铁，只要把氧和铁分开就行，此外，科学家已研究出利用月球土壤和岩石制造水泥和玻璃的办法。在月球表层，铝的含量也十分丰富。所以，利用月球进行资源加工可以获取海量月球资源，从而为人类资源的可持续发展开拓新的生长点。

月球的土壤中富含由太阳风粒子积累形成的气体，这些气体尤其是 ^{3}氦，是可控制核聚变发电的高效燃料，但它在地球上极为稀少。^{3}氦是一种高效、清洁、安全的核聚变燃料，利用氘和 ^{3}氦进行的氢聚变可作为核电站的能源，这种聚变不产生中子。安全无污染，是容易控制的核聚变，不仅可用于地面核电站，而且特别适合宇宙航行。

月海的玄武岩

月海在月球表面主要的有 22 个，在这些月海中存在着大量的月海玄武岩，其体积约 10 立方千米，玄武岩中蕴藏着丰富的钛、铁等资源。特别是月海玄武岩中丰富的钛铁矿是未来月球可供人类开发利用的最重要的矿产资源之一。

克里普岩

　　克里普岩是月球的另一种岩石，因其富含钾（K）、稀土元素和磷（P）而得名。此外克里普岩还富含铀、钍等放射性元素。根据最近美国"克莱门汀号"和"月球勘探者号"月球探测器的探测资料分析，在月球正面风暴洋区域可能就是克里普岩的分布区域，进而对克里普岩出露于月面或近月面进行了成因机制的分析，并估算出其厚度估计有10～20千米。据一些专家通过模式计算，克里普岩中稀土元素、钍、铀的资源量分别约为6.7亿吨、8.4亿吨和3.6亿吨。

　　对克里普岩的分布区域目前还有争论，但克里普岩所蕴藏的丰富的稀土元素以及钍、铀是未来人类开发利用月球资源的重要矿产资源。此外，月球上岩石中还蕴藏着丰富的、极具开发潜力的铝、钙、硅等资源。

月球的研发前景

月球不仅为人类提供照明，同时还具有重大的科研价值。归纳起来主要有以下几方面。

（1）月球新能源开发利用前景广阔。由于没有大气，太阳辐射可以长驱直入，太阳每年到达月球的能量约12万亿千瓦，在月球上建太阳能发电厂，不仅可以解决月球基地能源供应问题。还可用微波将能量传输到地球，为地球提供新的能源。此外，可控核聚变燃料——^{3}氦，地球上仅有15~20吨，月球上据推算有100万~500万吨。月球上的^{3}氦如果能都运到地球上来，发的电可供地球能源需求达万年。

（2）月球表面为超高真空，且无磁场，重力也仅相当于地球的1/6，从月球上发射航天器比从地球上发射可节省大量推进剂。这一特殊的空间环境，使

得在月球表面建立天文观测站和研究基地，不仅观测精度高、造价低，运行与维护费用也低。

（3）氧占月球土壤含量的40%，这对发展以月球为基地的航天技术意义重大：如由于火箭发动机每燃烧1千克氢就要消耗6千克氧，如果载人航天器飞经月球以外行星，能在月球上补给氧，那么在地面起飞时，月球以远飞行所需推进剂就可少带6/7，这一设想如能实现，至少能具有像19世纪为火车头补给木柴、为蒸气轮船补给水那种作用。

（4）月球上没有大气、没有磁场、地质构造稳定、弱重力、高洁净的特殊自然条件和自然环境，是进行许多基础科学研究以及制备一些昂贵生物制品与特殊材料的理想场所。

月球上的天然金属

半个多世纪以来，月球探测一直是各国激烈竞争的科研领域。俄罗斯科学家发现：月球土壤样品中含三种天然金属颗粒。俄罗斯科学院矿床地质学、岩石学、矿物学和地球化学研究所的科研人员日前在月球土壤样品中惊异地发现，月球土壤中含有三种天然金属元素：铈、铼、锌。

据悉，科研人员研究的月球土壤样品是1976年苏联月球自动探测器"月球24号"从月球表面取回的，总量有324克。

研究人员借助扫描电子显微镜，采用新的方法对样品进行了仔细研究。被研究的样品呈颗粒状，大小约74微米，是细碎的岩石。研究者惊异地发现，样品含有天然金属铈，颗粒大小2.5微米左右，亮度很高。除铈金属外，研究人员还在月球土壤中找到两种大小约为5微米和9微米且相对比较亮的金属铼颗粒，并发现了微米级的天然锌颗粒。

目前，科研人员尚未发现其他的稀土元素，也没有发现氧原子，科研人员

认为，铈可能是在陨石撞击月球表面时形成的。在地球上，科学家还从来没有发现过天然金属铈，金属铈一般是通过人工合成获得的。金属铼这种元素同天然金属铈量一样在地球上也很罕见，以前在钨矿中见到过很小的天然铼金属颗粒，后来在陨石 Allende 中也曾发现过。

研究人员认为，铼也是由撞击月球的陨石带进月球的。科研人员还指出，在地球上天然锌一般会含在铂金或金砂矿中，月球表层土壤中的锌可能是在月球火山发生爆发时形成的，月球里面含有锌，火山爆发时被岩浆带到了月球表层。

现在，科研人员肯定了这项发现的真实性，并否定了月球土壤样品被外来物污染的可能性。因为在过去 30 多年的时间里科研人员采取非常安全可靠的保管措施，样品不可能被污染。

这一发现对月球形成在太阳系之外的假设提供了有力证据。该科研项目得到了俄罗斯基础研究基金的资助。

飞向月球

月球奥秘

鲜为人知的月球奥秘

人类最早的登月幻想——嫦娥奔月

嫦娥奔月，是中国一个古老的神话传说，也是一个世界皆知的神话故事。可以说，它也是人类最早的登月幻想。

关于嫦娥奔月的故事，有很多个版本。一个版本这样说：

嫦娥是射日英雄后羿的妻子。相传，古时候的某一年，天上出现了10个太阳，烤得大地直冒烟，海水枯干，老百姓眼看无法再生活下去。后羿看到百姓受累，他登上昆仑山顶，运足神力，拉开神弓，一口气射下9个多余的太阳。

后羿立下盖世神功，受到百姓的尊敬和爱戴，不少志士慕名前来投师学艺。奸诈刁钻、心术不正的蓬蒙也混了进来。

不久，后羿娶了个美丽善良的妻子，名叫嫦娥。

某一天，后羿在昆仑山上访到王母娘娘，王母给他一包不死药。据说，服下此药，能即刻升天成仙。但后羿舍不得撇下妻子自己升天，就把药带回家，交给嫦娥珍藏。但这事却被蓬蒙知道了。

几天后，蓬蒙趁后羿上山打猎之际，持剑闯入内宅后院，威逼嫦娥交出不死药。

嫦娥知道自己不是蓬蒙的对手，危急之时她当机立断，转身打开百宝匣，拿出不死药一口吞了下去。不多时，嫦娥便飘离地面，冲出窗口，向天上飞去，最后飞落到离人间最近的月亮上成了仙。

130

傍晚，后羿回到家，侍女们哭诉了白天发生的事。后羿又惊又怒，立刻去找蓬蒙算账，可哪里还能找到他的影子！唯有捶胸顿足，仰望月亮千呼万唤爱妻的名字。

他的呼唤惊动了上天，皎洁的月亮上，果然出现嫦娥的身影。

后羿急忙摆上香案，放上她平时最爱吃的蜜食鲜果，遥祭在月宫里的嫦娥。

而百姓们闻知嫦娥奔月成仙的消息后，也纷纷在月下摆设香案，遥祭嫦娥。从此，中秋节拜月的风俗在民间传开了。

另一个版本这样说：

嫦娥知道丈夫从西王母那儿讨来不死之药，就成仙心切。有一天，趁着后羿不注意，偷来吃下了，然后就飞到了月宫。

嫦娥虽然成了仙、住到了月亮上，琼楼玉宇却十分冷清，上面只有一个捣药的小兔子和一位砍树的老头，所以她整天总是闷闷不乐的，正是所谓的"嫦娥应悔偷灵药，碧海青天夜夜心"是也！特别是每年八月十五月光最美好的时候，嫦娥就想起他们从前的幸福生活。一年中秋前夕，倍感孤寂的嫦娥就遥向丈夫倾诉懊悔，又说："平时我没法下来，明天在月圆之时，你用面粉作丸，团团如圆月形状，放在屋子的西北方向，然后再连续呼唤我的名字。到三更时分，我就可以回家来了。"

翌日，后羿就依照妻子的吩咐去做，嫦娥果然由月中飞来，夫妻重圆。于是乎，中秋节做月饼供嫦娥的风俗就由此形成了。

不管怎么样，嫦娥奔月的故事就这样流传了下来。

这个故事，把我们中国人飞向月亮的幻想和神往深深地烙印下来。

浩瀚星空，月亮是我们最近的邻居，我们的祖先在神话里"安排"嫦娥奔向那里，是毫不奇怪的。

鲜为人知的月球奥秘

人类的登月行动

1969年7月16日,对人类历史来说是一个特殊的日子,这一天是人类首航月球的日子。"阿波罗11号"飞船就要载着三名宇航员飞向38万千米外的月球。发射时间定于东部地区夏季时间的上午9时32分,发射地点位于美国佛罗里达半岛中部的肯尼迪宇航中心。

时钟刚刚走过16日零时夜色茫茫,驶向发射基地的车辆就络绎不绝了。来自美国各地的4000名新闻记者和成千上万名观众,已按捺不住激动的心情,急切地盼望着,期待着那神圣时刻的到来。

离发射还有10个多小时,设在宇航中心的记者区已座无虚席,电话声、议论声响成一片,热闹非凡。

银白色的"土星5号"火箭紧靠着红色发射塔,矗立在5千米外的发射架上,在探照灯的照耀下闪闪发光。

距发射时间还有8小时15分钟,工作人员开始给"土星5号"燃料罐装填燃料。第一级的燃料是煤油,几天前已经装好了,现在要给第二级和第三级装填燃料——液氢。还要给第一级到第三级装填氧化剂——液氧。液氢和液氧是不能提前装填的,因为它们要求存放的温度很低,而且极易燃易爆,通常在零下200多摄氏度以下存放,否则很容易挥发掉。这项工作整整花费了5个小时才完成。

燃料装完时,登月探险的勇士阿姆斯特朗、奥尔德林、柯林斯也用了早餐,换上了宇航服整装待发。这次登月行动,阿姆斯特朗担任"阿波罗11号"的指令长,柯林斯任指令舱(代号"哥伦比亚")驾驶员,奥尔德林任登月舱(代号"鹰")驾驶员。

发射前2小时零5分,3名宇航员由专车送到了发射架下。他们立刻乘上装配塔上的电梯,升到100米高处,然后跨过通向宇宙飞船的横桥,来到指令舱门口。只见他们两腿并拢，手拉入口上端的拉手，像从单杠上跳下来那样跳进舱内。

还有1小时40分。他们认真检查了出现故障时改变飞行计划的装置，并试验了救生装置。

"出发准备完毕！"从指令舱传来了指令长阿姆斯特朗的声音。此时，冯·布劳恩博士，肯尼迪航天中心主任库特·德布斯和他们所指挥的一个50多人的班子，正在发射控制中心那一排仪表板后面，透过仪表板监视着几千米外的火箭的每一个活动零件。

一切正常。

还有10秒！10……9——正式点火；8……7——第一级发动机喷出红色火焰；6……5……4——第一级发动机全部工作，火焰变成橘黄色，喷向发射架；3……2……1……0，发射！"土星5号"徐徐离开地面，它推动了"阿波罗11号"飞船，带着整个人类的光荣与梦想向月球进发了。

人类艰难的探月历程

月球出现在古老传说和科幻小说中,被誉为是赐予人类力量的天堂,是纯洁和美好的象征。

人类对月球的探索,从举头望明月时的翩翩浮想开始。中国有许多关于月亮的美妙传说:嫦娥奔月、吴刚伐桂……月亮也出现在很多脍炙人口的诗词歌赋中,用来寄托了人们的无限情思。

月球是人们心心向往的地方。随着科学的发展,人们已经不仅仅在叹月,而是开始了探月的历程,从1958年美苏启动探月计划开始,探索从未停止。

探月之声:幻想与希望并存

英国中世纪有一本小说《月中人》,书中这样描述月亮:"那里没有绝望,没有动乱,也没有战争;居民们讲着音乐一般的语言,他们有着和地球人相似的长相,只是头大一些,这就使得月球居民比地球人更聪明……"

1865年法国出版的科幻小说《从地球到月球》。作者想象力非常丰富,他预言了火箭发射、失重、变轨飞行、海上回收等航天活动,这和后来航天科学发展的实际情况有惊人的相似。

想象力是科学发展的重要助力。"许多早期的火箭和航天专家,都是带着丰富的想象力和严谨的科学态度,开始最初的月球探索的。"中国卫星专家、中科院院士叶培建在接受新华社记者采访时这样说。

探月之路:辉煌与悲痛同在

人类历史上第一个系统观测月球的是意大利天文学家伽利略。1609年,伽利略自制了一架直径不到3厘米的望远镜，并观测到了月球。尽管非常不清晰，但是伽利略仍然发现，月球并不像当时的天文家所宣称的那样光滑，是一个凹凸不平的球体，"完全不像完美球面上那样的圆滑"。伽利略的研究颠覆了很多人类已知的"成果"，也颠覆了一些宗教的教义，所以他的研究不但没有得到承认，相反还遭到了当时主流学者的反对。在漫长的岁月中，人类探索月球的脚步缓慢而艰难。但是，艰难中也有进步。

在伽利略之后，有无数人在为探索月球而努力，也取得了很好的成就。尤其是美苏狂热地开展登月竞赛的那个年代，两国都在那场狂热的登月竞赛中，投入了天文数字的资金和设备，人类登月史也有了质的飞跃。

1959年，第一个人造物体：苏联的无人登月器"月球2号"成功到达月球。

美国也不甘落后。5年以后，美国"徘徊者7号"月球探测器同样在月球上成功硬着陆。

1969年7月20日，人类迎来了航天史上的重要一刻，也是激动人心的一刻。美国宇航员阿姆斯特朗和奥尔德林成功登上了月球，并留下了人类在外太空的第一个脚印。此后的3年中，共有12名美国宇航员登上了月球。

以上是探月过程中令人激动的成功时刻。然而，成功并非常在，有专家指出"成功率不到50%"。人类为了探月的执著梦想付出了不菲的代价。

在早期探月活动中，火箭故障率高发是导致探测行动失败的主要原因，随着火箭技术的发展和成熟，近年来探月活动的大部分故障主要集中在探测器上。

1986年"挑战者号"航天飞机爆炸是人类探月史上的一个巨大悲剧。然而，这些失败并没有阻挡人类进军月球的决心和脚步，因为月球对人类的吸引力是巨大的。

鲜为人知的月球奥秘

人类为什么要登月

虽然月球只是太空中亿万星辰中的小小一员，但对人类而言，它却并不仅仅是一颗小星星，它是人类踏足浩瀚宇宙的前哨站，更是人类赖以生存的资源存储宝库。月球上有对人类来说价值惊人的资源，是未来地球矿产资源的巨大储存库，月球上硅、铝、铁等金属资源十分丰富。地球上稀缺的铀、稀土等资源，在月球上也相当充足。月球的玄武岩中钛铁矿的体积占25%，钛储量大概在100万亿吨以上。将来人类可以直接用它生产水、液氧燃料等资源。尤其值得一提的是月球土壤中特有的 ^{3}氦，是一种高效、清洁、安全的核聚变燃料，1吨 ^{3}氦所产生的电量足以供全人类使用1年。月球表面土壤中 ^{3}氦的含量可达几百万吨。这将改变人类社会的能源结构。

月球还是研究月球科学、天体化学、空间物理、生命科学、对地观测科学与材料科学的理想场所。因为月球表面具有高真空、无磁场、地质构造稳定、弱重力和高洁净的环境；月球背面不受地球无线电波干扰，建立月球天文观测基地、生物制品和新材料实验室，对地观测站和深空探测前哨站均具有重大的政治和科学意义。在月球上建立天文观测台（站）可以不受地球大气层限制，波段可以从伽马射线一直到长无线电波。在月球上你可以设置一个任何波段的干涉仪阵列，月面上异常宁静的环境可以保证其测量精度。此外，一些天文物理现象如超新星爆炸和伽马射线爆裂可以用不同波段进行观测研究。因此，人类对月球的探测能力，可以大幅度地提升一个国家的深太空探测能力和整体的航天水平。月球对全人类都有着巨大的吸引力。

飞 向 月 球

一切都很顺利，发射后 2 分 15 秒，第一级火箭 5 个发动机中的中间一个停止喷射。本来直向后喷的火焰开始向旁喷射，宛如一把打开的伞。

"'阿波罗 11 号'，我是休斯敦。发动机情况良好，准备甩掉第一级火箭。"

"是！"发射后 2 分 42 秒，第二级火箭点火，甩掉了第一级火箭。此时，飞船正以每秒 2.7 千米的速度，在东北方向离肯尼迪宇航中心 95 千米的高空飞行。

第二级火箭一边提高高度，一边慢慢向水平方向改变飞行姿势。9 分 11 秒，第二级火箭燃料烧完被甩掉，第三级火箭点火工作。

第三级发动机是一种可多次启动的发动机。它的第一次喷射是为了使飞船进入环绕地球的停泊轨道。"阿波罗 11 号"为什么不从地球出发后直奔月球呢？这是因为从地球到月球的速度必须为每秒近 11 千米，如果一离开陆地就把速度加到这一标准，对宇航员的身体极为不利。更重要的是，月球围绕地球转的轨道面对赤道形成大约 15°的角，因此不能将月球火箭一下子从地球发射出去。要首先让它绕地球旋转，然后再让它进入月球轨道面。

第三级发动机在发射后 11 分 40 秒时停火，几乎完全按原定计划进入环绕地球的轨道。

"阿波罗 11 号"用 1 小时 28 分 17 秒绕地球一周后，决定 1 小时后就向月球进发。宇航员对飞船的各部分进行了最后的检查，向地面控制中心报告：

"休斯敦，'阿波罗 11 号'全部检查完毕，一切正常！"

"阿波罗 11 号"，发动机动力很足，制导装置正常，雷达追踪无误差。"

"1 分钟内点火，向月球挺进！"

"是，点火！"

"阿波罗 11 号"离开绕地球轨道，顺利地飞向月球。到达月球的路程有 38 万千米，需要 73 小时，这个行程是绕圈的，而不是笔直的。"阿波罗 11 号"准确地进入了奔月轨道，令人兴奋，可是，宇航员却面临着一个难题——登月舱要掉转方向。

第三级火箭前端的指令舱和接在它后边的服务舱被人们称之为母船。7 月 17 日凌晨 1 时 40 分，第三级火箭和母船分离。在第三级火箭上部的贮藏舱里装着登月舱。与火箭分离后的母船必须翻个筋斗，旋转 180°，面对第三级火箭，并且一定要和第三级火箭对直。

母船开始使用外围的喷射过氧化氢的小型发动机来改换方向。宇航员柯林斯小心翼翼地掌握着操纵杆，反复做着上下、左右、旋转等动作，终于把母船掉过头来。这样，指令舱的锥顶就对准第三级火箭的顶端了。

指令舱的雷达在不断地测试登月舱的方向和距离，并向计算机报告。计算机马上计算出来，向制动发动机发出工作指令。柯林斯把指令舱窗上的刻度对准登月舱上的连接目标。登月舱连接孔像奶瓶的奶嘴那样圆圆的凸出着。

距离越来越近。终于，母船锥顶连接器深深地插进连接孔。孔的内壁和锥底的三个钩环紧紧地吻合在一起。接着，指令舱稍往后退，咔嚓一声，孔内壁的 12 个卡销和连接器弹簧上的 12 个卡子严密吻合。这样，指令舱和登月舱结结实实地对接在一起了。

对接结束后，登月舱从第三级火箭中被拉了出来。第三级火箭就这样完成了它的使命，被送进离奔月轨道很远的绕太阳转的轨道。

在漆黑的宇宙真空中，"阿波罗 11 号"重新转变方向，把登月舱顶在母船头上直奔月球而去。

7 月 17 日上午 7 时 30 分，"阿波罗 11 号"飞船距地球 3 万千米，速度降到每秒 2.73 千米。"阿波罗 11 号"奔向月球的航线是沿着一个椭圆形的轨道，从两侧包围地球。飞船在这样的轨道上，保持着惯性和引力的平衡。

飞行速度随着远离地球面不断减慢，在远地点时最慢。这时，"阿波罗11号"开始自转飞行。因为，在真空的宇宙里，向着太阳的一侧就会出现100～200℃的高温，背着太阳的一面却是-150～-100℃的低温。宇宙飞船的金属外壳就会因此变形扭曲而毁坏。所以，必须让飞船以每小时三周的周期慢慢地自转，就像在火堆上烤羊肉串似的，以均匀地承受太阳的热量。

指令舱上有5个窗口，前窗两个、侧窗两个、舱窗盖上还有一个圆形窗口。飞船的自转使宇航员们经历了一个罕见的现象：每当向着太阳时，强烈的阳光就照射进来，反之，就漆黑一片，似乎在每1小时，有3次日出和日落。

由于飞船的自转，飞船里的时间概念和地球上的也不相同。但是，人们所说的日、时等仍按地球上的概念。因此，飞船上的活动一方面按预编进度表由电子计算机控制的时钟来安排进行；另一方面，由地面控制人员进行严格控制，起床、睡觉、吃饭等都按地面控制人员下达指令来进行。

自从出发以来，宇航员除了途中小憩片刻外，一直在紧张地工作。特别是飞船进入奔月轨道后，顺利解决了登月舱调换位置的关键问题。3个人都觉得松了一口气。该脱去宇航服休息了。这时，火箭发动机已停止工作，飞船完全靠惯性向前飞去。柯林斯打开自动导航装置来监督飞行。休斯敦控制中心指示他们吃完晚饭后，于当天晚上23时30分开始睡觉。宇宙飞行的第一夜，指令长阿姆斯特朗和柯林斯都睡了7小时，奥尔德林睡了5个半小时。

他们都没有吃安眠药，能睡得这么好，真不愧是用计算机精挑细选出来的沉着、冷静的人。

7月18日清晨，在休斯敦控制中心的呼叫声中，宇航员们迎来了奔月飞行的第二天。

发射后的25小时5分30秒，"阿波罗11号"飞到地球和月球的正中间，离地球约19万千米时，速度减到每秒1.56千米。还剩下一半的路程，可是还需要加倍的时间。

第二天，最重要的工作是修正轨道。"阿波罗11号"飞船在奔月轨道上进行。由于地球引力越来越小，月球引力越来越大，飞船飞行的实际轨道和速度同设计计算的会产生微妙的偏差。如果不纠正这种偏差，就很难抵达月球。为了修正轨道，必须暂停飞船的自转，通过装在服务舱上的火箭发动机的喷射，修正飞船的航向。经过 1 小时 40 分钟的轨道修正，轨道偏差减小到每秒 0.15 米以下，"阿波罗 11 号"又重新开始自转飞行了。

这天晚上 17 时 32 分，"阿波罗 11 号"飞船向地球传送了电视实况转播。

这次实况转播的时间是 34 分钟，宇航员向地面详细介绍了指令舱内的情况。3 名宇航员已完全适应了失重飞行，他们都轻松愉快。电视屏幕出现了他们清晰的身影。

"休斯敦，我们很愉快，船内虽然有三个人，但还很宽敞，船内物质丰富。瞧，有咖啡、咸肉，还有水果、果汁。"阿姆斯特朗向观众介绍着他们的宇航食物。不过，最精彩的莫过于他们表演的烹调术了，只见他取出一袋食品，剪开一端，注入滤去空气的热水，泡了近 10 分钟，这就是他们的"焖鸡"。

柯林斯在飞船的仪表架前慢慢地上下飘浮，表演着各种失重的"舞蹈"；奥尔德林则向电视观众解说了星图。

3 名宇航员的精彩表演令全世界的观众兴奋极了。

播完电视，吃完晚饭，3 人又做了体操，并在再次接受了地面控制中心医生进行的脉搏遥测检查后，他们终于结束了第二天忙碌的工作，3 人先后进入了梦乡。

美国无人探月之旅

在执行"水星计划"和"双子星座计划"的同时，美国又向月球发射了多个探测器，收集月球表面的环境数据，为"阿波罗"登月寻找合适的着陆场址等。

像苏联的月球探测器一样，美国的月球探测器也是以系列的形式出现的。美国的第一个月球探测器系列是1961年8月23日至1965年3月24日发射的"徘徊者"1~9号。

"徘徊者"探测器外形酷似一只蜻蜓，本体高2.5米，粗1.52米，从1961年8月到1965年3月共发射9个，各重300~370千克。探测的任务是在月面硬着陆前逼近月球拍摄照片，测量月球附近的辐射和星际等离子体等。

"徘徊者号"探测器采取地—月轨道，中途校正一次轨道，轨道机动姿态指向精度为3°。探测器第一次采用模块结构技术。探测器带有电视摄像机、发送和传输装置、γ射线分光计等设备。

"徘徊者"1~6号的试验都因故障而失败。"徘徊者"7~9号都装有电视发射系统，各有6台摄像机，其中2台摄像机装有广角镜头。

1964年7月28日，"徘徊者7号"成功地在月球云海硬着陆，在撞到月球之前拍摄到4308张照片。其中最后的那些图像是在离月面只有300米处拍摄的，显示出月球上一些直径小至1米的月坑和几块不到25厘米宽的岩石。

1965年2月17日和3月24日发射的"徘徊者8号"和"徘徊者9号"，都在月球上着陆成功，分别拍回7137张和5814张清晰的月球照片。

美国的第二代月球无人探测器系列是"勘测者"探测器，从1966年5月到1968年1月，美国共发射7个"勘测者号"月球探测器。"勘测者"探测器的主要任务是进行月面软着陆试验，探测月球并为"阿波罗号"飞船载人登月选择着陆点。除2号和4号外，其余都在月面软着陆成功。

141

鲜为人知的月球奥秘

"勘测者"的主要仪器和设备有电视摄像机、测定月面承载能力的仪器、月壤分析设备和微流星探测器。3号和7号还装有月面取样用的小挖土机，可掘洞取出岩样进行分析；5～7号都带有扫描设备，用以测定月壤化学成分。"勘测者"有3只脚，总重达1吨。

1966年5月30日，美国发射"勘测者1号"，一举成功。经过64小时的飞行，"勘测者1号"成功地在月面的"风暴洋"地区着陆，成为美国第一个在月球软着陆的探测器。"勘测者1号"向地球发回11 150张黑白月面照片。

虽说比苏联晚了四个月，但这说明，美国也掌握了月球着陆技术，而且是一举成功。这也多少为美国挽回了一些面子。

1967年4月17日发射的"勘测者3号"是美国第一个装备月球取样设备的探测器，它同样着陆于"风暴洋"，按地面指令用1.8米长的机械手挖了4.5米深的坑，掘出岩样，供给月壤分析器分析，测出了月海表面的硬度，证实了月海表面一点都不影响飞船着陆。它还发回了6300张照片。

1967年9月8日发射的"勘测者5号"在"静海"着陆，首次测定了月壤的化学成分：氧占58%，硅占18%，此外还有硫黄、铁、钴、镍、铝等元素。分析表明，这和地球上玄武岩的成分非常相似。玄武岩是由火山喷出的岩浆凝固而成的。因此人们推测出，月海是由月球内部喷出的不黏稠易流动的熔岩填补低洼处而形成的。

接着，"勘测者6号"又于1967年11月着陆在"中央河口"地区，并进行了启动火箭升空3米的试验。从而再次确认了月球表面是相当坚硬的，并非堆积着灰尘。测得的理化指标证明，月表足以支撑载人登月飞船的重量。

1968年1月，"勘测者7号"在迪科山附近着陆，传回了21 000余张月陆照片，并利用来自地面的激光，测定地月间的距离，这次测定精确到15厘米范围。

142

至此，美国的"勘测者"号探测器计划胜利结束。

经过这一系列的无人探测之后，月球的庐山真面目显露出来了。

1966年8月10日至1967年8月1日，美国又发射了5个"月球轨道器"（Lunar Orbiter），其主要目的是在绕月轨道上拍摄月球表面的详细地形照片，为"阿波罗"飞船选择最安全的着陆点。其中"月球轨道器"1~3号围绕月球赤道飞行，而4~5号运行于月球极轨道，它们对月面99%的区域进行了探测，拍摄了大量高分辨率的月球表面照片。1966年11月6日发射的"月球轨道器2号"进入近月点39千米的绕月轨道，拍摄到月球赤道以北枯海地区的清晰照片412张，其中几幅近景照片有较高的科学价值。同时，它们还获得许多月球表面的放射性、矿物含量和月球引力场等有用数据。

根据月球轨道器拍摄的照片资料，美国选择了8个候选登月区，绘制了1∶4800的月球地形图。

至此，美国对月球的探测已经很全面。载人登月已经到了万事俱备、只欠东风的程度，载人登月的主角——"阿波罗"飞船终于要出现了。

鲜为人知的月球奥秘

踏上月球

月亮，远在天边，近在眼前。由于它是距离地球最近的星球，所以成为人类最期盼踏上的地球外的"国土"。

苏美两国早在20世纪50年代末就开始了登月的计划。从1961年4月至1970年6月，苏联成功发射了6艘"东方号"飞船、2艘"上升号"飞船和8艘"联盟号"飞船，从载1人到载3人，共把25名宇航员送上了天。美国从1961年5月至1966年11月也发射成功了6艘"水星号"飞船和10艘"双子星座号"飞船，共把26名宇航员送到地球轨道上飞行。下一步，人类就要会见到那位披了千万年神秘面纱的月亮女神了。

人类向月球的进军，经历了几个阶段。首先是打开通往月宫的道路；二是探明月面的情况，然后试验环绕月球的飞行；最后让宇航员登月考察。

1959年1月2日，苏联发射了"月球1号"探测器，它带有探测月球的仪器，途中飞行顺利，但却没有命中月球，仅从距月球表面约7500千米之处擦身而过。同年3月3日，美国也向月球发射了"先锋4号"探测器，它从离月球更远的59 000千米处飞过。

这一年的9月，苏联又发射了"月球2号"探测器，在9月14日击中月球，成为月球上的第一个人造物体。10月，苏联的"月球3号"探测器又绕到了月亮背面首次拍下了月球背面的照片。

1964年美国发射的"徘徊者7号"探测器也撞到了月球上。撞击前，它的6架电视摄像机成功地拍摄了4316张月面的近景图像，比地面上最好的天文望远镜观察到的要清晰2000倍以上。这些图像显示了直径只有一米左右的坑穴和25厘米大小的岩石。"徘徊者8号""徘徊者9号"也分别拍到了月球正面静海、云海地区的照片15 000多张。这些资料说明，月球上许多地区很平坦，飞船可以降落。

　　到了1965年，飞往月球的天路基本探察清楚了，下一步就要看飞船能不能在月面降落了。

　　以前，人们分析月面上由于流星的冲击可能会有很厚一层浮尘，人踏上去可能会像踩到泥潭里一样陷下去，实际上是不是这样呢？科学家们又开始进行不载人的飞船在月球上软着陆的试验。所谓"软着陆"，就是不生硬地砸上去，而是靠逆喷火箭逐渐减小探测器的飞行速度，慢慢地降落在预定地点上。

　　1966年1月31日，苏联发射了"月球9号"，它经过79小时的飞行，在月球风暴洋中软着陆，传回了月球局部地区的第一批岩石和土壤照片27张。接着美国也于1966年5月30日发射了"勘测者1号"，也在风暴洋上软着陆，发回图像11 150幅。至1968年1月，美国又先后发射成功"勘测者3号""勘测者5号""勘测者6号""勘测者7号"，均在月面软着陆，共发回图像75 660幅，同时还做了月球的土壤分析。

　　探测器的软着陆成功，证明月面是坚实的，飞船降落不会深陷下去，宇航员也不必穿上特制的防陷雪鞋，从而扫除了登月的疑虑。

　　为了寻找登月舱在月球上最安全的着陆点，美国还发射了5艘月球轨道环形器，从环绕月球赤道到月球两极，拍摄了99%月面的情况，最后选定了5个最佳降落点，它们是中央湾一处、静海两处、风暴洋两处。

　　万事俱备，只欠东风。美国从1961年5月开始实施的"阿波罗"登月计划开始上演更激动人心的一幕了。

　　"阿波罗"是古希腊神话中太阳神的名字，他和月亮女神阿尔特米斯是双胞胎，所以美国用"阿波罗"作为登月计划的名字。其登月方案是，用"土星5号"巨型运载火箭把载有3名宇航员的"阿波罗"飞船送离地球；飞船通过轨道转换变成绕月运行；然后从飞船上发出一个登月舱，徐徐降落在月面上，送2名宇航员上月球探察；飞船仍由1名宇航员驾驶作绕月飞行；等探月任务

145

鲜为人知的月球奥秘

完成后，再发动登月舱与飞船会合，一起返回地球。

"土星5号"是一种三级液体火箭，全长110.6米，相当于36层大楼那么高，直径10米，起飞质量2840吨，它是美国最大的运载火箭，能把100吨的卫星送上地球轨道，或把50吨重的飞船送上月球。1967年11月9日进行飞行试验，将不载人的"阿波罗4号"飞船送上地球轨道，此后不到两年时间，就破天荒地把载人登月飞船送上了月球。

"阿波罗"飞船由指令舱、服务舱和登月舱三部分组成，每次载3名航天员，登月飞行结束后，返回地球的只有指令舱和3名航天员。指令舱呈圆锥形，高3.23米，底面直径3.1米，像一辆旅行汽车大小，发射质量约5.9吨，返回地面时要丢弃辅助降落伞等物，这时质量只有5.3吨。服务舱附在指令舱下端，呈圆筒状，直径3.9米，高7.37米，舱重5.2吨，装上燃料和设备后重25吨。登月舱接于服务舱下面，第三级火箭顶部的金属罩内，它分下降段和上升段两部分，总长6.79米，4只底脚延伸时直径为9.45米，重4.1吨，如果包括燃料则重14.7吨。下降段还装有考察月面的科学仪器，下降段在上升段飞离月面时起发射架作用。

在人类正式登月前，"阿波罗"1~6号飞船进行了6次不载人的近地轨道飞行试验；7~9号飞船完成了3次载人模拟登月飞行；10号飞船进行了载人登月预演。正式登月的时机成熟了。

1969年7月16日，星期三，一个万里无云的好日子，美国东部时间9时30分，"土星5号"火箭一阵狂吼载着"阿波罗11号"飞船徐徐升上太空。成千上万名赶到肯尼迪航天中心来观看发射的人激动无比，一时间，帽子、手杖、眼镜、钢笔都被抛上了天空，人们发狂般地跳跃喊叫，"上去了！上去了！"声音震耳欲聋。远在华盛顿电视机旁的尼克松总统高兴地宣布：四天之后为月球探险的全国共庆日，并提议那天全国放假一天。

　　三天后的7月19日下午，飞船到达月球上空，驾驶长柯林斯完成最后的、不允许出现丝毫偏差的轨道调整，使它在月面上空15千米处绕月飞行。7月20日，宇航员阿姆斯特朗、奥尔德林登上了名叫"小鹰"的登月舱，从飞船中脱开，随着制动减速火箭，"小鹰"沿曲线轨道徐徐下滑平稳地降落在月面上。晚上22时56分（格林尼治时间7月21日4时56分）阿姆斯特朗从登月舱的梯子上爬下，踩上了月球的土地，19分钟后，奥尔德林也踏上了月面。他们在月球上插上了一面美国国旗，并留下了一块金属纪念牌、上面写道："公元1969年7月，来自行星地球上的人首次登上月球，我们是全人类的代表，我们为和平而来。"

　　月面上荒漠冷寂，到处是陨石砸出的大大小小的坑穴，能否像飞机那样返回地面，技术上有没有把握，所以它一开始进行的试验不是升天而是返回。

踏上月球后，人类的特殊感受

月球的物理性质与地球不同，人在月球上会有许多与众不同的特殊感受。声音通常通过空气传播，月球表面几乎没有空气，无法传播声音，所以在月球上如果不借助特殊的仪器，即使有个人站在你面前大喊大叫，你也听不到任何声音。由于月球上没有空气，月表被太阳照射到的地方，温度高达120℃，没有被太阳照射到的地方温度则为-180℃。人类乘宇宙飞船到月球上去，在这两种地区降落都不行，可以降落在这两种地区相交的地方，那里温度不太高也不太低。

月球上没有水蒸气，自然也就没有雨、雪、雹、云、雾、霜、露等与水有关的天气现象。月球上也有东南西北，但不能用指南针辨别方向，因为月球磁场非常弱，磁针转动不灵，所以宇航员多根据太阳的影子来推算方向。

月球自转的速度很慢，在月亮上的一天要比在地球上长得多。月亮上一整个白昼要经过约330个小时，再经过这么长时间才完成一昼夜。然而准确地讲，地球一昼夜是23小时56分4秒，那么月亮的一昼夜就相当于地球上的27.32天。

既然在月球上行动有诸多不便，科学家们为什么还对月球特别感兴趣呢？这主要有以下几个原因：月球是离地球最近的一颗星球，人类如果移民，那么它将是最近的归宿；月球离地球近，相对其他星球比较容易运送物资，可作为人类了解其他星球的空间中转站；而且月球上几乎没有空气，这便于人类观测其他星球。

前苏联的探月史

冷战期间，美苏两国开展了白热化的太空竞赛。苏联人曾一度占尽了优势，他们似乎总是与一连串的"第一次"联系在一起：第一次成功发射人造地球卫星；第一次成功拍摄到月球背面的照片；第一次载人太空飞行；第一次太空漫步；第一名女宇航员上天；等等。但是，出人意料的是，最早登上月球的却是美国人。1969年7月16日，美国成功发射载人登月的"阿波罗11号"飞船，率先跨出人类历史上的"一大步"。苏联曾号称"世界头号航天巨人"，为何率先实现载人登月这一"光荣与梦想"的不是苏联人呢？本节将为您讲解前苏联的探月史。

从登月服到登月车，苏联人为登月做了充分的准备

前苏联在美苏之间的太空竞赛中一度占尽优势。在加加林完成了人类历史上的首次太空旅行后，前苏联又把目光聚焦到月球上，力求再创造一个"第一次"——率先实现载人登月！为此，苏联科学家做了非常充分的准备，不仅发射了绕月飞行的人造卫星，还研制了大量登月工具，从由地面遥控的无人月球探测器到无人登月车，再到宇航员的登月服，应有尽有。我们来看看前苏联的辉煌业绩吧。

人类首次飞掠月球：1959年1月，苏联"月球1号"探测器从距月球约6000千米处飞过，实现人类首次飞掠月球（世界上第一个月球探测器是1958年美国研制的先驱者零号，但由于火箭爆炸而失败）。这是人类首颗抵达月球附近的探测器，在飞行过程中测量了月球磁场、宇宙射线等数据。

成功发射第一个落在月球上的人造物体：1959年9月，苏联"月球2号"探测器在月球表面实现硬着陆，这是第一个落在月球上的人造物体。在撞击月

球之前,"月球2号"向地球发送了月球磁场和辐射带的重要信息。

人类首次获得月球背面图片:1959年10月,苏联"月球3号"传回第一张月球背面照片,虽然只有月背70%的面积,但是这是人类首次获得月球背面图片,也是人类第一次看到月球背面的景象。

人类首个在月球上实现软着陆的探测器:1966年1月,苏联成功发射首个在月球上实现软着陆的探测器"月球9号"。"月球9号"在随后的4天中发回了包括着陆区全景图在内的高分辨率照片。

人类首个环月飞行的月球探测器:1966年4月,苏联的"月球10号"成为首个环月飞行的月球探测器,比美国的"月球轨道器1号"提前4个多月进入绕月飞行轨道。

人类首次实现月面自动采样并返回地球的探测活动:1970年9月,苏联发射的"月球16号"在月面丰富海软着陆,它由地面遥控,成功完成了月面自动采样,首次使用钻头采集了101克月壤样品并安全返回地球。这是人类首次实现月面自动采样并返回地球的探测活动。1970年9月至1976年8月,苏联共发射5个自动采样探测器,其中的"月球16号""月球20号"和"月球24号"成功取回月球样品。

人类第一辆自动月球车飞抵月球:1970年11月,苏联发射的"月球17号"载着世界上第一辆自动月球车飞抵月球。该月球车长2.2米,宽1.6米,重756千克,装有电视摄像机、核能源装置。在月面雨海着陆后进行了为期10个半月的科学考察,到1971年10月4日核能耗尽停止工作。1973年苏联将"月球车2号"送上月球。与美国的"阿波罗"登月车相比,前苏联的无人登月车体积只是前者的一半,重量只有前者的三分之一,还可以自动地对月球地貌进行拍照并分析岩石、土壤样品,这不像美国"阿波罗计划"那样,要依靠登月宇航员亲自完成。1976年8月，苏联成功发射"月球24号"探测器，宣告完成对月球的无人探测。

N-1号火箭屡屡出事，苏联登月计划最终化为泡影

前苏联已经拥有了绕月球飞行的人造卫星，研制出了登月车，甚至连登月服等制好了，真可谓是"万事俱备"。但苏联人为什么还不登月呢？原因很简单，那就是"只欠东风"——苏联人始终没有能够制造出像美国"阿波罗计划"中的"土星5号"那样的功率强大而且性能稳定的运载火箭。

前苏联为登月计划而设计的火箭名为N-1号，共制造了10枚。设计并制造这种"巨无霸"式火箭的最初目的，是将代号为"苏联月亮"的人造卫星送入太空。说N-1号火箭是"巨无霸"绝对名副其实：第一级发动机由30台大功率火箭发动机组成，使用煤油和液氧作燃料。从空气动力学角度看，一枚火箭使用如此多发动机无疑存在着致命的缺陷：一方面，众多发动机之间根本无法做到助推力的有效平衡；另一方面，为这些发动机分别添加燃料是件极其令人头痛的事情，而且极易出现事故。这承载了苏联人太多期望的"巨无霸"，在拜科努尔航天发射中心总共试射了4次，每次都以悲剧和灾难收场。

在外界看来，前苏联似乎对登月没有采取什么动作。直到20多年后，前苏联的载人登月计划才被外界证实。1989年年底，美国麻省理工学院和加州理工大学几位教授访问苏联，在莫斯科航空学院亲眼见到了当年登月计划的一些设施。1990年，当年登月计划的主设计师米申在应邀来华时也证实了20世纪六七十年代登月计划的存在。

俄罗斯的登月行动和计划

　　前苏联在登月计划中可以说是功亏一篑。苏联解体之后，登月行动虽被冷落一时，但是，其实力犹在。俄罗斯在延续着属于他们的荣誉。俄罗斯计划在2007年至2015年间完成国际空间站俄罗斯舱段的组装任务，使其具备此前国际协议中指定的技术结构，进而成为完全符合要求的太空科研综合体；在2015年之前使国际太空站完全胜任太空轨道上的工作；2025年之前将自己的宇航员送上月球；2027—2032年在月球上建立常驻考察基地，2035年后开始实施火星计划。

人类太空之旅

千百年来，天宇之门紧闭着，地球人只能站在地面上仰望它的庄严和神奇，猜测它的奥秘。科学技术的发展使人类创造了一个又一个奇迹。至此，人类推开了天门，在天空上自由翱翔，在宇宙中潇洒地行走，赴外星球去拜访，人类社会生活的领域从地面扩展到大气层和宇宙空间。

人乘飞船到太空飞行不易，人要到飞船之外的茫茫太空行走，更是一件危险的事。

1965年3月18日，苏联在"东方号"飞船上，又进行了令人眼花缭乱的太空进军。

"上升2号"飞船载着别利亚耶夫和列昂夫驶进地球轨道。环绕地球飞行。格林尼治时间8时30分，40岁的列昂诺夫检查了一下自己特别的宇航服和安全带，打开飞船密封舱，在太空上迈动了双脚。他的宇航服是一件橘黄色的特制衣服，有十几层厚，具有隔热、防辐射功能。即使太空的温度高达300℃或低到-100℃，宇航员也都处在恒温中不受影响。宇航员戴的增强树脂盔的帽上还有通信设备可与舱内乘员通话。一根5米长的脐带和安全带连在宇航服上，脐带源源不断地输送氧气，记录宇航员的器官功能和生理反应；安全带以防宇航员飘走回不了飞船。

列昂诺夫悬空着翻了几个空翻，似乎并不费力，他又试着做了几个体操动作，也轻飘自如，迈动的双脚也全然没有地球上悬空迈步不知所措的感觉。

他在太空行走了12分09秒，由于飞船座舱的出口窄小，他又了花10分钟才钻进舱口回到了飞船上。

三个月后，即 1965 年 6 月 5 日，35 岁的美国宇航员怀特从"双子星座"飞船中走了出来，当然他也系着带子。与列昂诺夫不同的是，他手里拿着一支宇宙枪，不过枪里发出的不是子弹，而是高压气体，它产生的反作用可以帮助宇航员调整位置。怀特在空中漫步了 22 分钟。他通过无线电耳机话筒与驾驶"双子星座号"飞船的人为伴聊天，不时地靠宇宙枪从这里移到那里，拍摄了很多宇宙、地球的照片。怀特在漫步天街时曾纵声大笑开心之极。

列昂诺夫、怀特的太空行走，证明了人能够在真空、超低温、没有重力、充满宇宙射线和流星的十分危险的太空环境中停留、活动，并且不会丧失思维和工作能力。这为人类进一步挺进月球，带来了喜讯。然而，想在太空中自由地行动，一根保驾的脐带和安全带却成了累赘，而且太空行走是一件很令人疲惫的事。因为失重使物体间缺乏摩擦力和阻力，一点能量就能使你无休止地保持某一种运动，宇航员想控制自己的行动十分困难。为了解决这个问题，科学家研制成功了一种"太空摩托艇"，也称喷气背包。它的外形像一把有扶手和踏板却没有座位的椅子，高 1.25 米，宽 0.83 米，重 150 千克，有两套压缩气箱，内装 12 千克液氮。每套压缩气箱都有 12 个喷嘴，每个喷嘴可产生 0.7 千克的推力。宇航员把它背在背上，通过扶手上的开关控制压缩气箱的 12 个微型喷嘴，依靠喷管射出的压缩氮气形成各个方向不同大小的反推力实现行走自如。

1984 年 2 月 3 日，美国"挑战者号"航天飞机上的两名宇航员麦坎德利斯和斯图尔特分别使用这种背包，飞离到距航天飞机 97 米远的地方，各进行了 2 个多小时的舱外活动，实现了世界上第一次不系安全带的行走。

以后苏联宇航员维克多连科和谢列布罗夫 1989 年 9 月 6 日乘"联盟 FM-8 号"飞船上天进入"和平号"轨道站工作后，也背上了与美国喷气背包类似的装置，从 1990 年 1 月 8 日到 2 月 5 日，他们走出轨道站座舱 5 次到太空中行走。他们的喷气背包叫"宇宙小艇"，也叫"太空自行车"，它重 200 千克，靠 32 个喷嘴（其中 16 个备用）喷射压缩空气产生动力，速度可达 30 米/秒，并能在舱外飞行 6 小时，可运送 100 千克的仪器设备，小艇有独立的供电和遥控系统。在 2 月 5 日第五次太空行走中，维克多连科乘"宇宙小艇"演练了各种状态的运动控制，并在小艇的前部安装了轮型自动分光仪，测量 X 射线和伽马射线的空间动力特性，以考察空间站周围的辐射情况。两名宇航员在太空中停留了 3 小时 45 分钟，行走了 200 多米。

随着各种新型宇航服和代步工具的出现，太空行走越来越频繁，而且从最初的试验型走向了实用性。最著名的大概可算是 1992 年 5 月美国"奋进号"航天飞机首航中的宇航员太空徒手"活捉"卫星的事了。1990 年 3 月美国"大力神"火箭发射一颗国际通信卫星组织的"国际通信卫星 6 号"未能成功，卫星被扔在了距地球 362 千米的一条无用的轨道上，白白地飘荡了两年。美国"奋进号"航天飞机奉命拯救这颗"生灵"，让它起死回生。"奋进号"飞近卫星后，一开始，两名宇航员出舱想用一根长 4.5 米的捕获杆捉住卫星，但是稍受触动，卫星就剧烈地晃动、飘飞，两次捕捉都没有成功。5 月 13 日，3 名宇航员互成 120°角排开，围住卫星然后飘到卫星前同时用手抓住卫星，使它稳定以后再用捕获杆卡住卫星，慢慢地将卫星拉回航天飞机的货舱里，徒手捉卫星的整个过程达 1 小时 47 分钟。后来，宇航员又为这颗卫星安装了一个固体发动机，把它放回了太空。14 日下午，"国际通信卫星 6 号"发动机点火，卫星进入了预定轨道。这颗卫星价值 1.5 亿美元，卫星投入使用后每天可收入 24 万美元。

1993 年 12 月，美国"奋进号"航天飞机上的 7 名宇航员再一次表演太空杂技，在天上修好了哈勃巨型天文望远镜。过去，对于失灵的卫星是用航天飞机拖回地面修好后，再进行施放的。太空修理哈勃并为它更换零部件的做法，使人类在太空的活动领域更加扩展，可以为人类飞往火星等外星球途中修复和组装航天器提供借鉴的经验。1995 年 2 月 9 日，美国"发现号"航天飞机上的两名宇航员作太空行走回收了一颗"斯巴达"天文观察卫星，以试验新型宇航服的保暖性能和在太空中操纵大型物体的技巧，为将来建造国际空间站作准备。

人类的登月之梯——火箭

不管是中国的神话也好，外国的科学幻想也好，虽然都怀有登上月球的强烈愿望，但都没有从根本上解决登月的工具问题。只有当现代运载火箭真正发展起来后，人类登月的梦想才得以真正实现。

火箭是中国古老的发明。

大约是在中国的唐末、宋初时期，开始出现古代的"火箭"，它是在一支普通箭杆上绑住一个火药筒而形成的，火药筒被点燃后就会产生气体向后喷，推动箭飞向前方。

从此，中国人开始将火箭用于战争。

后来，中国的火药和火箭传到西方，被发扬光大，中国古老的火箭技术提高到了一个新的水平。

西方人也将火箭用于战争，他们更深入研究和改进了火箭，在火药配比、火箭形状及大小、稳定装置和制造材料等方面进行了重大改进，使火箭技术得到了很大的发展。西方的火箭在重量、射程和精度等方面都超过了中国火箭。18世纪初，西方已经生产出了重达几十千克的大型火箭。

同时，也有一些专门研究火箭的，逐渐将火箭发展成一种特别的工具。

1650年，一位波兰炮兵专家Kazimierz Siemienowicz，发表了一种多级火箭的系列设计图。

1696年英国人罗伯特·安德逊（Robert Aderson）发表了专门的文章，介绍

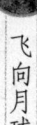

火箭制作、推进物准备等。

19世纪初,英国人威廉·康格里夫(William Congreve, 1772—1828)采用新型火药制造出了一种实用的火箭,重14.5千克,箭长1.06米,直径0.1米,并且装了一根4.6米长的平衡杆,射程可达1800米。英国军队用这种火箭击败了拿破仑的军队。

康格里夫的火箭在性能上近乎达到了火药火箭的极限。

同时,人们也尝试着将火箭用于民用的场合。在19世纪,人们开始尝试用火箭发射渔叉捕鲸。19世纪后期,人们又将火箭用于发射绳索,从遇难的船只射向大陆,以进行自救。

1883年,俄国科学家康斯坦丁·齐奥尔科夫斯基发表了现代火箭发展史上一篇重要的论文——《自由空间》,首次提出用火箭进行宇宙飞行的设想。他从理论上分析了火箭飞行的原理,还画出了宇宙飞船的草图。

后来他又提出了火箭结构特点与飞行速度之间的关系式,即著名的齐奥尔科夫斯基公式,奠定了火箭的理论基础。

齐奥尔科夫斯基也写过科学幻想小说,最有名的是1893年的《在月球上》和1896年的《在地球之外》。《在地球之外》描写一群科学家乘坐火箭飞船出大气层,进入环绕地球的轨道。后来,他们穿上宇宙飞行衣从飞船里出来,在太空中飘游。然后,飞船又飞向月球,其中的两个人乘一辆四轮车在月球表面着陆,考察一番之后又点燃火箭离去。后来他们又继续驾驶飞船飞到了火星附近,并在一颗无名小行星上降落。许多年过去后,他们成功地返回了地球。

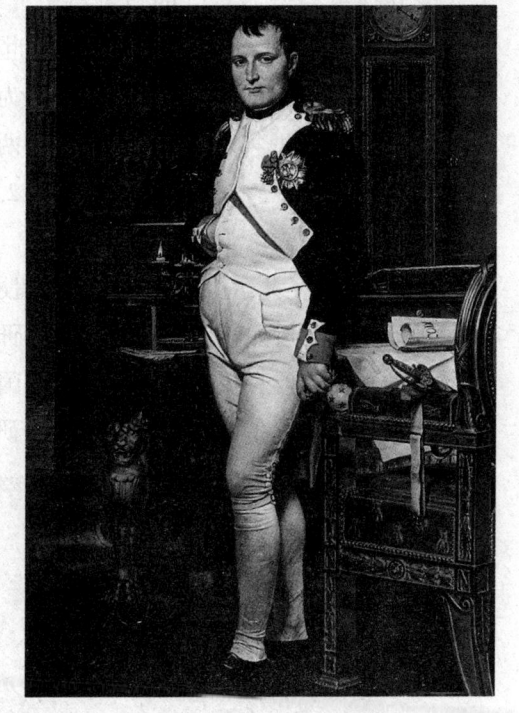

小说里所写的事,都一一如后来现实中发生的一样。

齐奥尔科夫斯基系统地研究了利用火箭进行航天飞行的各种问题,他提出了火箭质量比、多级火箭等概念，设计并画出了载人宇宙飞船的草图，较系统地建立起了航天学理论基础，因此被后人誉为"航天之父"。

差不多与齐奥尔科夫斯基同时代，美国也有一个火箭狂人，对火箭进行了狂热的研究，他就是罗伯特·戈达德。

齐奥尔科夫斯基主要从理论上研究火箭，而戈达德主要从实践上对火箭进行研制，因此，他被人尊称为现代火箭技术之父，或现代火箭技术奠基人。

戈达德主要依靠自己的力量，几十年如一日，不懈地研制火箭，终于在1926年3月16日，研制并成功发射了世界上第一枚液体火箭。这枚火箭长约3.4米，发射时重量为4.6千克，空重为2.6千克，其顶部是0.6米长的发动机，它的下方是两个串向推进剂箱，用两个长约1.5米的细管将液氧和汽油高压挤压到燃烧室中。火箭持续飞行了约2.5秒，最大高度为12.5米，飞行距离为56米。

到1935年，戈达德的火箭速度已超过声速，可以飞到约2千米的高度。戈达德的研究，为后人特别是德国人成功研制现代火箭提供了宝贵的经验。

大约从20世纪30年代初开始，德国人开始研制实用型的现代火箭。德国为了发展自己的军备，专门成立了一个研究小组去发展火箭，其中最有名的是

冯·布劳恩（Wernher Von Braun，1912—1977），他后来成为最负盛名的航天专家之一。

1942年8月16日，德国人成功试飞现代史上具有重要意义的第一枚真正的实用火箭，它就是A-4火箭，其外形是完美的流线型细长体，头部为锥形弹头，底部有稳定尾翼，总长14.03米，最大直径1.66米，底部最大宽度为3.56米，重976千克，起飞总重量约12.5吨。

这是火箭及航天史上具有重要意义的事件。负责领导研制小组的德国科学家多恩伯格在后来的庆祝会上发表了这样一番演讲："我们利用火箭进入了太空，并且首次利用火箭为太空和地球上的两点架起了桥梁。这是宇宙航行新纪元的曙光。"

后来，德国将A-4火箭改装成为导弹，这就是人类历史上的第一枚导弹——V-2导弹。

战后，德国的火箭技术和专家被美国和苏联瓜分。不久之后，美国和苏联相继研制出自己的火箭，从中程、长程到洲际弹道火箭。

1947年10月18日，苏联以V-2导弹为蓝本设计制造的第一枚国产弹道导弹P-1实现了首次试射。1947年至1953年间，又相继研制出近程、中程、远程弹道导弹。

1957年8月3日，苏联研制出射程可达8000千米的P-7洲际导弹。

P-7导弹全长约29米，最大宽度10.3米。它由两级液体火箭组成，第一

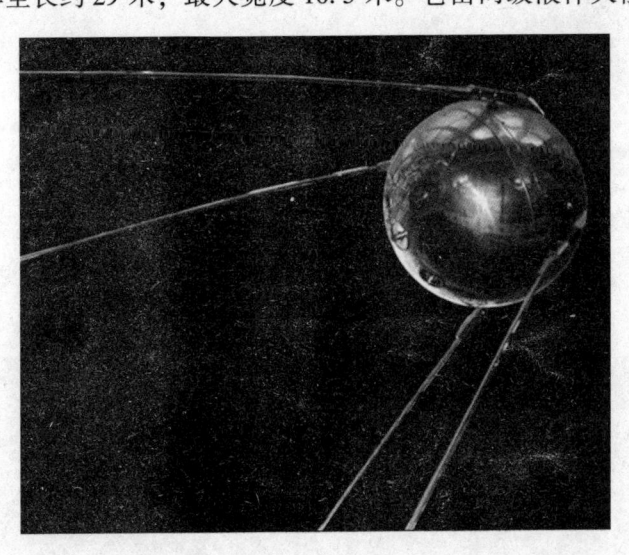

级由一个配置在中央的较长的芯级和4个配置在四周的较短的助推级火箭组成；第二级长28米，最大直径2.95米。两级火箭均采用煤油和液氧作推进剂。整个火箭的起飞推力为4762.8千牛，起飞质量达267吨。

1957年10月4日，苏联用改装自P-7洲际导弹的"卫星号"运载火箭将人类第一个人造地球卫星"斯普特尼克1号"（Sputnik 1）发射升空。

这是人类航天史上一个具有里程碑意义的重大事件。

不久后的1958年1月31号，美国也用"朱诺1号"运载火箭成功地把"探险者1号"卫星送入了轨道。

与前苏联的情况相似，美国的运载火箭也都发展自其洲际弹道导弹。除了"朱诺1号"运载火箭，美国还发展出了"宇宙神""大力神"等系列运载火箭，为美国的航天事业作出了巨大的贡献。

卫星上天，为人类最终冲出地球、飞向太空、登上月球，铺就了登天之路。

阿波罗神迹

与前苏联的辉煌相比，美国的起步显得更为艰难。美国探月初期发射了五颗"先驱者"探测器，几乎没有一个获得成功。失败的主要原因是，火箭没有足够的推力使之达到地球的逃逸速度并送到月球轨道，虽然"先驱者4号"勉强成功，但它飞越月球时距离月球尚有近6000千米之遥，因此它的探测仪器基本没有发挥作用。

美国于20世纪60年代至70年代初组织实施载人登月工程，被称为"阿波罗"计划。这是世界航天史上具有划时代意义的一项成就。该工程始于1961年5月，结束于1972年12月，登月6次，历时约11年，耗资255亿美元。在该工程的高峰时期，参加工程的有2万家企业、200多所大学和80多个科研机构，总人数超过30万人。如此惊人的人力、物力投入是空前绝后的。下面就让我们来具体看一下这个浩大工程吧！

"阿波罗"登月计划的由来

1961年4月12日，苏联宇航员加加林首次进入太空。这一消息使美国举国震惊。当时的总统约翰·肯尼迪意识到这表明前苏联在航天技术上已领先美国一步，也就是说在科技竞赛中美国处于劣势了，他认为"这是继苏联第一颗人造地球卫星上天之后，对美国民族的又一次奇耻大辱"！为了迎接苏联的太空挑战，美国人决心不惜一切代价，重振昔日科技和军事领先的雄风。

肯尼迪提出在10年内将美国人送上月球，他说："我相信国会会同意，必须在未来十年，将美国人送上月球，并保证其安全返回……整个国家的威望在此一举。"于是，美国航天局制订了著名的"阿波罗"登月计划。

阿波罗是古希腊神话传说中的太阳神，掌管诗歌和音乐，传说他是月神的

鲜为人知的月球奥秘

同胞兄长,曾经用金箭杀死巨蟒,替母亲报仇雪恨。美国政府以这位能报仇雪恨的太阳神来命名登月计划,其心情可想而知。

两个月后,美国科学家为实施"阿波罗"登月计划拿出了4种方案,即"直接登月""地球—轨道会合""加油飞机""月球表面会合",但是,每种方案都存在着各种不易解决的问题。

正当美国科学家们和政府首脑犹豫不决时,一位名叫约翰·霍博尔特的太空署工程师提出了第5种方案——"月球轨道会合"方案:从地球上发射一支推力为750万磅(约340万千克)的"土星5号"火箭,将载有3个宇航员的"阿波罗"太空船推向月球。太空船绕着月球轨道运行,但不在月球降落,而是分离出一艘小的登月舱。2名宇航员随着登月舱依靠倒退火箭到达月球表面,第3名宇航员则留在太空船上。他的两个同伴负责勘察月球表面,他则一路环绕月球飞行。勘察工作结束后,月球上的两位宇航员就引发登月舱上的火箭,重新和太空船会合。3名宇航员再共同乘坐太空船,引发火箭回到地球。这比前四种方案的可行性好很多。于是,科学家们决定采用"月球轨道会合"方案。

为了实现这一宏伟计划,美国国家航天局的科学家和工程师们,要设计制造一艘大小与火车头相近的宇宙飞船,也就是"阿波罗号"。为了发射这个飞船,还要制造一个具有强大推力的火箭与足球场差不多长的。此外,科学家们还要建一座大型的太空中心——月球港,它要拥有车间、试验室和办公室等配套设施。他们还在全世界建立了一系列跟踪站;为宇航员们建立了训练中心,在这个中心里,同时还建造了"登月模拟装置"。

飞船的强大推手:运载火箭

"阿波罗号"飞船要使用具有强大推力的"土星号"运载火箭发射。

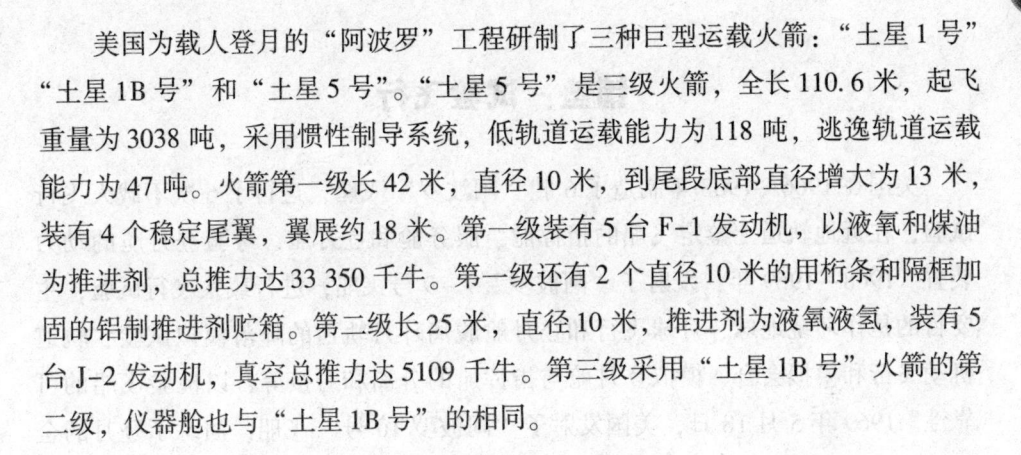

美国为载人登月的"阿波罗"工程研制了三种巨型运载火箭:"土星1号""土星1B号"和"土星5号"。"土星5号"是三级火箭,全长110.6米,起飞重量为3038吨,采用惯性制导系统,低轨道运载能力为118吨,逃逸轨道运载能力为47吨。火箭第一级长42米,直径10米,到尾段底部直径增大为13米,装有4个稳定尾翼,翼展约18米。第一级装有5台F-1发动机,以液氧和煤油为推进剂,总推力达33 350千牛。第一级还有2个直径10米的用桁条和隔框加固的铝制推进剂贮箱。第二级长25米,直径10米,推进剂为液氧液氢,装有5台J-2发动机,真空总推力达5109千牛。第三级采用"土星1B号"火箭的第二级,仪器舱也与"土星1B号"的相同。

"阿波罗号"飞船

"阿波罗号"飞船由指挥舱、服务舱和登月舱3个部分组成。指挥舱

指挥舱是宇航员在飞行中生活和工作的座舱,也是全飞船的控制中心。"阿波罗号"飞船的指挥舱为圆锥形,高3.2米,重约6吨。分前舱、宇航员舱和后舱3部分。前舱放置着陆部件、回收设备和姿态控制发动机等。宇航员舱是密封舱,存有宇航员生活14天需要的必需品和救生设备。后舱装有10台姿态控制发动机、各种仪器和贮箱等。

服务舱:服务舱前端与指挥舱对接,后端有推进系统主发动机喷管。舱体为圆筒形,高6.7米,直径4米,重25吨左右。主发动机的作用是轨道转移和变轨机动。姿态控制系统由16台火箭发动机组成,在飞船与第三级火箭分离、登月舱与指挥舱对接和指挥舱与服务舱分离等过程中也有重要作用。

登月舱:登月舱由下降级和上升级两部分组成,地面起飞时重14.7吨,宽4.3米,最大高度约7米。

上升级是登月舱主体,由宇航员座舱、返回发动机、推进剂贮箱、仪器舱和控制系统组成。座舱可以容纳2名宇航员(但无座椅),有导航、控制、通信、生命保障和电源等设备。宇航员完成月面活动后可驾驶上升级返回环月轨道与指挥舱会合。下降级由着陆发动机、4条着陆腿和4个仪器舱组成。

铺垫：试验飞行

美国在1966—1968年制造了6艘"阿波罗"飞船，进行了6次不载人飞行试验，在近地轨道上鉴定飞船的指挥舱、服务舱和登月舱，考验登月舱的动力装置。1968—1969年，发射了"阿波罗"7～9号飞船，进行载人飞行试验，主要目的是作环绕地球、月球飞行和登月舱脱离环月轨道的降落模拟试验、轨道机动飞行和模拟会合、模拟登月舱与指挥舱的分离和对接等，以检验飞船的可靠性。1969年5月18日，美国发射了"阿波罗10号"飞船，演练了登月的全过程，绕月飞行了31圈，两名宇航员乘登月舱下降到离月球表面15.2千米处。

鹰起鹰落

1969年7月16日,"阿波罗11号"载人飞船载着3名航天员,史无前例地启程飞往月球,开始执行人类首次对月球的冒险探测行动。飞行了约38万千米的距离,"阿波罗11号"终于在5天后抵达月球轨道。人类的两位使者,航天员阿姆斯特朗及其同伴奥尔德林要驾驶登月舱进行登月下降。另一名航天员则驾驶指挥舱继续绕月球轨道飞行,与登月舱的同事保持通信联系,一旦登月活动发生意外或危险,负责救援,同时进行科学考察。最后,登月舱在月球的静海着陆。那么,航天员们是如何登月的?登月以后又进行了什么活动?他们是如何返回地球的?让我们一起看看吧。

发射与登月

"阿波罗11号"飞船的发射现场吸引了超过一百万的人群,全世界观看发射现场直播的观众达六亿人,创造了历史纪录。时任美国总统理查德·尼克松也在白宫椭圆形办公室里观看了现场直播。

装载着"阿波罗11号"的"土星5号"火箭于美国当地时间1969年7月16日9时32分在肯尼迪航天中心发射升空,于12分钟后进入地球轨道。环绕地球一圈半后,第三级子火箭点火,航天器开始向着月球而航行。30分钟后,指令/服务舱从"土星5号"火箭分离,与转向后同登月转接器中的登月舱连接。

发射三天后,也就是7月19日"阿波罗11号"经过月球背面,并很快点燃主火箭进入月球轨道。在绕月的过程中,三名宇航员在空中辨认出了计划中的登月点。

宁静海南部是"阿波罗11号"的登陆点。之所以选择这个登陆点是因为它比较平整，在降落和舱外活动时不会有太多困难。登陆之后，阿姆斯特朗将登陆点称为"静海基地"。

7月20日，当飞船在月球背面时，"鹰号"登月舱从"哥伦比亚号"指挥舱中分离。柯林斯独自一人留在"哥伦比亚"指挥舱上，他的任务是留在指令舱中并绕月环行，在后续的24个小时中监测控制中心与"鹰号"登月舱之间的通讯并祈祷登月一切顺利。如果"鹰号"登月舱发生了意外，不能够从月面起飞的话（这种可能性极大），柯林斯就只能独自一人返回地球。

阿姆斯特朗和奥尔德林很快启动了登月舱的推进器并开始下降。他们很快意识到它"飞过头"了：在他们向月面降落时，表明计算机过载的警报器响起。登月舱在下降弹道中多飞了4秒，也就是说登月点会离计划点若干千米远。导航计算机出现了若干次异常程序警报。

在休斯敦的约翰逊太空中心，飞行控制指挥官史蒂夫·贝尔斯面临一个关键的、一刹那间的抉择——终止登月计划或者命令宇航员按照计划行动，不理会登月舱计算机出现的问题。他最终选择了后者。不过，贝尔斯后来承认，他是"凭着直觉"允许阿姆斯特朗尝试登月的。他们已经飞过了预选着陆区，而且燃料也很快就要耗尽。此时，阿姆斯特朗选择手动控制登月舱。登月舱不断下降，燃料开始耗尽。当登月舱位于月面上空大约9米时，所剩燃料仅仅够用

30 秒钟。阿姆斯特朗冷静地在布满砾石和陨石坑的月面找到了一处适合着陆的地方，并驾驶登月舱稳稳降落在月球上。

阿姆斯特朗和奥尔德林互看了一眼，会心地笑了。休斯敦飞行控制中心内鸦雀无声，大家都在静静地等待着。终于，他们听到了阿姆斯特朗的声音："休斯敦，这里是静海基地。'鹰'着陆成功。"飞行控制中心马上爆发出一阵热烈的欢呼声。而在登月舱的阿姆斯特朗和奥尔德林也把手伸过仪表盘，默默地握了一下。

登月过程中的程序警报是"执行溢出"，这意味着导航计算机无法在规定时间内完成预定任务。后来研究发现，溢出的原因是登月舱的对接雷达在降落时没有关闭，使得计算机仍然监视并没有使用的雷达。由于在紧急关头的一句"继续"，总指挥官史蒂夫·贝尔斯后来获得了一枚总统自由勋章。

在登月舱降落六个半小时后，阿姆斯特朗扶着登月舱的阶梯踏上了月球，他后来说道："这是我个人的一小步，但却是全人类的一大步。"奥尔德林不久也踏上月球，两人在月表活动了两个半小时，用钻探取得了月芯标本，拍摄了一些照片，也采集了一些月表岩石标本。

月面上升

完成任务后，奥尔德林先爬进了登月舱，之后两名宇航员一起用一种被称为月面器材传送带的扁平索滑轮装置费力地将拍摄的胶片和2个装有21.55千克月面样本的盒子运进登月舱。随后，阿姆斯特朗爬进了登月舱。为了减轻登月舱上升级的重量以返回绕月轨道，他们在转换到登月舱上的生命保障系统后，开始将宇航服上面的PLSS（便携式生命保障系统）背包、相机、月面套鞋和其他一些设备抛弃在月面上。

与"哥伦比亚号"会合之后，"鹰号"登月舱被抛弃并留在绕月轨道上。国家航空航天局报告称，"鹰号"的轨道将逐渐降低并最终在"某一地点"与月球相撞。

返回地球

三位宇航员们于7月24日返回地球，并受到了英雄般的欢迎。他们的降落点为13°19′N，169°9′W，在维克岛以东2660千米，或约翰斯顿环礁以南380千米，距离回收船"大黄蜂号"24千米。在溅落约一小时后，宇航员们被回收直升机发现，之后他们进入了一个被用做隔离设施的拖车。尼克松总统亲自登上了回收船欢迎宇航员从月球返回地球。

为了避免从月球带回未知病原体，"阿波罗11号"的三位宇航员在返回地球后便被隔离。三周之后（一周在拖车中，另外两周在林肯·约翰逊宇航中心的月球物质回收和回归宇航员检疫实验所），宇航员们并没有发生任何异常事情。1969年8月13日，三位宇航员离开了隔离区并接受美国民众的欢呼，同一天，纽约、芝加哥和洛杉矶都进行了为他们庆祝的游行。

当晚，美国在洛杉矶为"阿波罗11号"成员举行了国宴，出席宴会的有国会议员，44位州长，首席大法官和83个国家的大使。总统尼克松和副总统斯派罗分别向三位宇航员颁发了总统自由勋章。然而，这次庆典只是一个长达45天的被称为"一大步"的巡游的开始。在这次巡游中，宇航员们去了25个国家，还拜访了许多著名人物包括女皇伊丽莎白二世。许多国家为庆祝第一次载人登月成功发行了纪念邮票或纪念币。

广角镜——美国国家航空航天局

美国国家航空航天局，是美国联邦政府负责太空计划的政府机构，负责美国的太空计划。它的总部位于华盛顿哥伦比亚特区，拥有最先进的航空航天技术，在载人空间飞行、航空学、空间科学等方面有很大成就。它参与了包括美国"阿波罗"计划、航天飞机发射、太阳系探测等在内的众多航天工程，为人类探索太空作出了巨大的贡献。

1958年7月29日，艾森豪威尔总统签署了《美国公共法案85-568》，并创立了NASA。1958年10月1日，NASA正式成立。它的远景目标和使命是"改善这里的生命，把生命延伸到那里，在更远处找到别的生命"。NASA的目标是"理解并保护我们赖以生存的行星；探索宇宙，找到地球外的生命；启示我们的下一代去探索宇宙"。

NASA被广泛认为是世界范围内太空机构的领头羊。它经过不断调整，组建了肯尼迪航天中心、约翰逊航天中心、太空飞行器中心等机构。现在，NASA已经成为世界上所有航天和人类太空探险的先锋。在太空计划之外，NASA还对民用以及军用航空太空进行了长期研究。"阿波罗11号"登月十大发现

科学家表示，他们对月球以及整个太阳系的了解很多都是由"阿波罗11号"的宇航员证实和揭示出来的，当然，对宇航员带回来的月球岩石和尘埃的研究也起了很大作用。NASA已公布了"阿波罗登月计划"的十大发现：

（1）月球不是一个原生物，而是一颗逐步演化而成的拥有类似于地球内部结构的"陆行星"。

（2）月球产生的时间很久远。

（3）月球最年轻的岩石比地球的"老"：最初，月球和地球可能受到相同的过程和事件影响，但是，这些过程和事件留下的痕迹只有在月球上才能找得到。

（4）月球和地球是近亲：月球岩石和地球岩石上氧化物同位素有的惊人相似，这表明月球和地球可能来自于同一个祖先。

（5）月球上无生命迹象：科学家对从月球采集的样品进行了测试，没有找

到任何过去或者现在的生物迹象。即使是非生物的有机化合物也找不到。这可能是陨石污染造成的。

（6）月球岩石经过高温形成：这些岩石的形成过程几乎与水完全无关，可以大致分为3类：玄武岩、钙长石和角砾岩。

（7）早期月球的深处是"岩浆海洋"。

（8）小行星在月球表面撞出大坑。

（9）月球的体积结构稍微不对称：月球外壳在远侧一方相对较厚；在靠近地球一侧则有很多火山盆地，而且它们的质量浓度比远侧浓很多；月球内部的质量浓度也不均匀，相对于它的几何中心，月球质量的中心要偏向地球几千米远。这也许是由于它在演化过程中受到了地球万有引力的影响。

（10）表面被岩石碎片和灰尘覆盖，就是所谓的月球风化层，是在地质时期由于无数的陨石冲击而产生的。表面岩石和矿石中含化学元素和由于太阳辐射而产生的同位素。因此，月球完整记录了40亿年的太阳历史，我们可以从中解读出独特的太阳辐射的历史，这在别的地方是不大可能找得到的。这也是我们理解地球气候变化的一个重要因素。

疑 为 骗 局

"阿波罗登月计划"在取得举世瞩目的成绩的同时，也有另一种声音，有人认为这是一场骗局！这在美国引起了强烈反响。以著名物理学教授哈姆雷特为代表的人士肯定"骗局论"，他们认为阿波罗登月造假有以下依据。

（1）阿波罗登月照片纯属伪造。

根据美国宇航局公布的资料计算，登月时太阳光与月面间的入射角只有6°~7°，但那张插上月球的星条旗的照片显示，阳光入射角约近30°。

（2）阿波罗登月录像带在地球上摄制。

通过分析登月录像，宇航员在月面的跳跃动作和高度等不符合月面行走特征，而是与地面近似。

（3）月面根本没有安装激光反射器。

根据美国某天文台的数据计算得知，现在在地球上用激光接收器接收到的反射光束的强度只是反射器反射强度的1/200。实际上，这个光束是由月亮本身反射的。也就是说，月球上根本没有安装什么激光反射器。

（4）阿波罗计划进展速度可疑。

美国到1967年1月才研制出第一个"土星5号"火箭，1月27日做首次发射试验，结果不幸失火导致三名宇航员被熏死。随后重新设计登月舱，硬件研制推迟了18个月，怎么可能到1969年7月就一次登月成功呢？

（5）对"土星5号"火箭和登月舱的质疑。

现代航天飞机只能把20吨的载荷送上低轨，而当年的"土星5号"却能轻而易举地就把100吨以上载荷送上地球轨道，更将几十吨物体推出地球重力圈。如此强大的家伙为什么后来却弃而不用，而且据说连图纸都没有保存下来。

（6）温度对摄影器材的影响。

白天月面温度可达121℃。据图片看，相机露在宇航服外而没有采用保温措施，而胶卷在66℃就会受热卷曲失效，在月面的白天高温下怎么拍得了照片？

支持登月骗局论的人士认为，对以上这一切美国政府一直没有交代，而知情者可能由于担心自身生活和安全，或者直接遭到了胁迫，至今对此沉默不言。相信不久的将来，诞生于美苏太空竞赛年代的"登月骗局"一定会水落石出。

破解登月疑云

进入21世纪，人们对登月的争论从未停止，美国探索频道的节目《流言终结者》（Myth Busters）曾经做过一期专门解释登月疑团的特别策划，经过大量模拟实验和对月球的激光反射后，最终结论是美国的登月行动是确实存在并成功了的，节目还驳倒了很多怀疑论者的"证据"，但怀疑论者的疑问仍存在。

鲜为人知的月球奥秘

知识库——探索频道

探索频道（Discovery Channel）是由探索通信公司于1985年创立的，主要播放流行科学、崭新科技和历史考古纪录片。世界各地均有播放，但它会根据不同地区的文化风俗设立不同版本，播放不同类型的纪录片，并加上字幕或配音。美国版本主要放送写实电视节目，包括推理调查、行业介绍等，如著名的流言终结者系列；但也同时放映合家欢和儿童纪录片。亚洲各版本除了着重播放写实节目之外，也着重播放文化节目，如介绍中国、日本传统文化的一系列节目。

是巅峰，但不是终点

"阿波罗11号"登月成功后，美国的载人登月活动继续进行。1972年12月"阿波罗17号"飞行结束，登月计划才算圆满完成。整个计划共发射了7艘载人登月飞船（从"阿波罗11号"开始），除"阿波罗13号"因服务舱的液氧箱发生爆炸，登月被迫取消，航天员安全返回地球外，其余的6次均取得了巨大成功，共有12名航天员成了月宫的VIP嘉宾（"阿波罗17号"宇航员尤金·塞尔南和哈里森·施密特是迄今最后一批涉足月球的航天员）。这些航天员在月球上共逗留了298小时45分钟，进行了110多个小时的月面活动（包括几十项科学试验和勘测）；拍摄了15 000张月球的近距离照片和长达12千米的电影胶卷和许多录像带；移动距离近100千米；收集并带回了382千克的月球岩石和土壤标本；进行了多学科的试验和研究，在月球上安置了6个月震仪、5座核动力科学实验站等20多种自动测试仪器。科学家们利用这些仪器进行了大量的、多方面的科学实验，取得了前所未有的科学成果。

美国在"阿波罗"之后的探月行动和计划

在"阿波罗"计划取得巨大成功之后，美国并没有终止探月的步伐。1994年1月25日，美国再度发射"克莱门汀号"无人驾驶飞船，对月球地形和成分进行了普查性的高精度探测，为将来建立月球基地和月基天文台作准备。

1997年12月24日，美国开始了第一项月球商业探测项目。1998年1月7日，发射"月球勘探者"探测器，以寻找月球上的水为主要任务。

2004年1月，前任美国总统布什发表讲话，提议在2015年至2020年间让美国宇航员重返月球。2006年12月，美国宇航局公布"月球探索战略"和"月球基地计划"的初步构想。2008年10月美国宇航局用一枚运载火箭同时发射两颗月球探测卫星，前往月球的两极寻找适合的位置以建造月球基地。2010年派遣类似火星漫步者的机器人，在初步选定的位置着陆，实地进行勘测。在美国宇航局的计划中，如果所有的前期准备工作就绪，将在2020年开始建造月球基地。2027年宇航员就可以乘坐带有氧气舱的月球车离开基地，前往月球表面更远的地方探险。

173

"月球号"率先成功登场

第二次世界大战结束后，苏联和美国这两个二战中的盟友立即就因为双方的意识形态和社会制度的不同而陷入冷战之中。全球分裂为社会主义社会和资本主义社会的东西两大阵营。冷战引发了空前的军备竞赛，美苏两国都把发展核打击力量作为国家的优先任务，也不约而同地把太空作为显示实力的舞台，从而展开了一场以发展航天科技为主要内容的太空竞赛。这不仅使洲际导弹得到迅速发展，也为两个超级大国发展进入太空的运载火箭奠定了基础，而在月球探测活动的早期，拥有足够运载能力的高可靠性运载火箭是取得探月成功的关键。

有关这方面的情况，我们在《人类的飞天之路》一书里有较详细的介绍，有兴趣的读者可以参阅。

苏联在太空竞赛中拔得头筹，1957年10月4日，苏联在拜科努尔航天基地发射了苏联历史上也是人类历史上的第一颗人造地球卫星——"斯普特尼克1号"。这颗不到100千克的球形"红星"，标志着人类太空时代的到来，它引起了全世界的震惊，尤其是美国更是震惊不已。因为在那之前，美国人普遍认为，苏联在航天科技方面远远落后于美国，苏联是不可能先于美国成功发射卫星上天的。

确实，要论说火箭技术，美国一点也不比苏联差。二次大战后来到美国的德国火箭专家冯·布劳恩，早在1953年便研究制造出了红石火箭，并预言5年内可以发射地球卫星。但冯·布劳恩毕竟是一个曾经为纳粹服务过的外国移民，在工作中总多多少少地受到作为"二等公民"的制约，所以冯·布劳恩的火箭及卫星研制工作进度缓慢。

冯·布劳恩听到苏联抢先发射卫星的消息后曾发奋地说："就让我们放手干吧。只要给我们开绿灯，60天就行。"

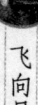

果然，两个多月之后的 1958 年 1 月 31 日，美国用冯·布劳恩研制的"朱诺 1 号"把自己的第一颗人造地球卫星"探险者 1 号"发射上天。虽然卫星只重 8.22 千克，远不能同苏联卫星同日而语，但是，总算好歹为美国挽回了一点颜面。

但此时的苏联人已经把目光放得更远了，他们盯上了月球。

就这样，月球成了美国与苏联竞争的下一个目标。

前苏联的月球探测计划正式形成于 1958 年，这年 1 月底，苏联航天事业的开拓者谢尔盖·科罗廖夫等人在写给苏共中央的报告中提出了"月球研究计划"。这项计划得到了苏共中央第一书记赫鲁晓夫的批准。显然，在美苏空间竞争中，月球探测任务不仅能展现在赫鲁晓夫领导下苏联科学技术的强大，也能在冷战对抗中向美国施加更大的压力。

1959 年 1 月 2 日，苏联在拜科努尔发射场用"月球号"火箭将"月球 1 号"探测器发射上天。

"月球 1 号"是一个球形体，直径约 1 米，质量约 361 千克。"月球 1 号"被发射上天后，并没有经过停泊轨道，而是直接飞向月球，奔月速度达到 11.17 千米/秒。这也使它成为人类发射成功的第一个摆脱地球引力场的航天器。

鲜为人知的月球奥秘

当距离地球 113 000 千米时,"月球 1 号"释放出金黄色钠气云(人造彗星),以便地面人员跟踪观察。第二天,"月球 1 号"没有按原计划撞击月球,而是在距月球 5995 千米处与月球擦肩而过。

在奔月过程中,"月球 1 号"探测器上的设备测量了月球的磁场、宇宙射线的强度及其变化,研究了太阳微粒辐射、星际气体成分和流星粒子,并拍摄了照片。"月球 1 号"探测器上的无线电设备工作 60 小时后停止向地面发送信息。经过 9 个月的飞行,"月球 1 号"于 9 月 26 日进入日心轨道,成为第一颗人造行星。它围绕太阳公转,周期为 450 天。

从此,苏联开始了一系列以"月球号"命名的月球探测活动。

9 个月之后的 1959 年 9 月 12 日,苏联又发射"月球 2 号"探测器。9 月 14 日,"月球 2 号"在月球表面的澄海硬着陆,成为到达月球的第一位人类使者,首次实现了从地球到另一个天体的飞行。

所谓的硬着陆,简单地说就是撞击。"月球 2 号"探测器在下降过程中传回了图像,在碰撞的一刹那,飞行控制室里所有的人都欢呼地跳跃起来。

从外形上看,"月球 2 号"与"月球 1 号"很相似。

"月球 2 号"的探测结果表明,月球没有磁场,周围没有像地球的范艾伦带那样的辐射带。

苏联再接再厉,仅过半个多月,于 1959 年 10 月 4 日发射"月球 3 号"探测器。它的主要任务是揭开月球背面的神秘面纱。

由于月球的自转周期与它围绕地球公转的周期刚好一致,所以,月球总是以一面朝向地球,而另一面却从来没有被地球看到过。在"月球 3 号"到达月球之前,人类对月球在背面即月背一无所知。

"月球 3 号"与前两个探测器大不相同,比它们更重,并且设计十分巧妙。圆柱形的外形,首次携带了两台焦距不同的照相机,使用了太阳能电池,并采用气体喷嘴控制姿态。

为了探测到月球的背面,苏联对"月球 3 号"的发射时间和飞行轨道作了精心安排,它没有直接快速飞向月球,而是在经过较长时间的飞行后缓慢地绕到月球背面,在距离月球 6200 千米处经过。当它绕过月球背面时,太阳恰好在"月球 3 号"后面,照亮远离地球一侧的月面,使"月球 3 号"可以拍摄人类不曾见到的月球背面图片。

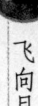

在通过月球背面的 40 分钟时间内,"月球 3 号"上的两个光学相机拍摄了 29 张照片,其中 17 张照片底片在飞行途中完成自动冲印,然后通过电视扫描转换成电视信号传送回地面。尽管最后得到的照片分辨率很低,而且只覆盖了月球背面 70% 的区域,但却让人们看到了月球神秘的背面,展现了人类以前从未看到过的景象。

几天以后,苏联公开了历史性的月球背面的首张照片,引起了轰动。

这是首次从太空的视角向人们展现太空中的月球,并且是首次用太空探测器获得数据,标志着人类在月球探测中取得了里程碑式的成就。

从照片上看,月球背面主要是高地和山脉,有两个大面积的月海(洼地)。

在获得这些图像之后,苏联天文学家对月球背面的地貌进行了命名。

"月球 3 号"后来成为一颗地球卫星。

这 3 个月球探测器是苏联的第一代月球探测器,它们都不经过地球轨道,发射后直奔月球而去,目的是获得足够的速度和精度,保证探测器撞击月球或者从月球边缘掠过。

后来,苏联第一代月球探测器又进行了 6 次发射。用于分析月壤中铝、钙、硅、铁、镁、钛等元素的相对丰度。

鲜为人知的月球奥秘

"月球车1号"的设计寿命为90天，但后来它在降落地——月球的"雨海"地区游历了十个半月，共行驶了10 540米，考察了80 000平方米范围的月面，拍摄超过20 000张的照片，在行车线的500个点上对月壤进行了物理力学特性分析，并对25个点的月壤进行了化学分析。此外，它还收集了大量月面辐射数据。后来，直至它携带的核能耗尽才停止工作。

美国的载人登月曾使苏联的无人探月活动相形见绌，但苏联连续发射两个月球探测器，并实现在月球上取样和释放月球车，又让美国的航天专家极为震惊。1971年7月26日，"阿波罗15号"飞船把美国第一辆月球车——"巡行者1号"带上月面。与"月球车1号"不同的是，这是一款有人驾驶型月球车。

辉煌过后的沉寂

随着"月球车1号"寿命的终结，苏联开始准备发射"月球18号"。1971年9月2日，"月球18号"被发射上天。9月7日，"月球18号"进入倾角35°、100千米高的环月球的圆轨道。然后在环月轨道上飞行了2天，进行轨道调整。9月9日，"月球18号"制动发动机点火，开始大约5分钟的下降过程。不幸的是，在"月球18号"按程序计算着陆的一瞬间，与地面失去了通信联系。后来证实，"月球18号"撞毁在3094N、560300E地形崎岖的地区。但"月球18号"还是传回一些科学数据。苏联科学家根据这些数据确定月壤表面的密度为（0.8±1.5）克/厘米^3。

在"月球18号"撞毁的第17天，即1971年9月28日，苏联又用"质子号"火箭将"月球19号"发射上天。9月29日和10月1日进行轨道修正后，10月3日进入了倾角40°、轨道高度140千米的圆轨道，此后又变轨到135千米×127千米轨道，然后再通过变轨进入385千米×77千米的轨道，成为第一个绕月飞行的重型卫星。

"月球19号"重达5900千克，携带了多种科学装置，进行多项科学实验，主要任务是探测月球表面的地貌、月壤的化学组成及物理性质、月球对地球磁场圈的扰动、月球重力场的形态与强度等。

鲜为人知的月球奥秘

大约在1972年10月3日至20日,"月球19号"在环月飞行4000圈、运行一年后,结束了任务。

后来,苏联又进行几次月球探测器的发射活动,将"月球20号"至"月球24号"送去月球。

1972年2月14日,发射"月球20号",其目的是完成"月球18号"未尽的任务,从月球上取回样品。2月21日,"月球20号"安全着陆在3032′N、56033′E的月面上,距离"月球18号"撞毁处约1.8千米,距离"月球16号"着陆处120千米。

"月球20号"在月球表面一直停留到2月23日,钻取样品重量约为50～100克,钻取深度为33厘米,可能是钻头遇到了坚硬的月岩,没有按计划取回足够的样品。2月25日,"月球20号"返回舱在苏联本土着陆。

1973年1月8日,苏联发射"月球21号",把"月球车2号"送上月面的澄海地区进行考察。"月球21号"的任务与"月球17号"相似,但它携带的"月球车2号"却有了一些改进。"月球车2号"重840千克,在4个月的时间里漫游了37千米,发回88张月面全景图,并用车载的X射线分光计对月球土壤进行了化学分析。

苏联的最后一个月球号探测器"月球24号"于1976年8月9日发射,8月18日在月面危海软着陆,钻采并带回170克月岩样品。

至此,前苏联对月球的无人探测宣告结束。

飞行试验前仆后继

"阿波罗1号"的事故，使美国的登月计划停顿了差不多一年的时间，直到1967年11月，才又恢复"阿波罗飞船"的发射。

这一次发射的是"阿波罗4号"。

前面说过，"阿波罗11号"是追加给"阿波罗—土星204飞船"（AS-204）的正式名称，它本来应该在1966年发射的，但错过了发射时间。那一年里，美国成功发射了两艘"阿波罗—土星飞船"（AS-203和AS-202），即实际上已经有了三艘"阿波罗飞船"发射。所以，这一次恢复发射，便把飞船命名为"阿波罗4号"。但美国人并没有将两艘已经发射上天的飞船正式命名为"阿波罗2号"和"阿波罗3号"，所以，实际上并没有"阿波罗2号"和"阿波罗3号"。

1967年11月9日12时（UTC，世界协调时间，过去曾用格林尼治平均时GMT来表示，比北京时间晚8个小时）在卡纳维尔角的肯尼迪航天中心39A发射台上，"土星5号"SA-501将"阿波罗4号"发射上天。这是"土星5号"运载火箭的首次发射。

"阿波罗4号"飞船和火箭上共搭载了4098件测量仪器。

"阿波罗1号"发生大火时，其运载火箭"土星1B号"并没有受到波及。后来，它被从34号发射台上拆下，在37B号发射台上重新组装，用作发射"阿波罗5号"登月舱，作首次登月舱测试任务。

"阿波罗5号"的发射时间是1968年1月22日，这一次，它搭载了登月舱，这是登月舱首次被发射。

"阿波罗5号"的任务是在太空中测试登月舱和新引擎的功能，证明该引擎有能力单独起飞和降落。这个引擎将成为第一架能够在太空发射的火箭发动机。

"阿波罗5号"环绕地球飞行了7.5圈、飞行了11小时10分钟，于第二天返回地球。

接着，"阿波罗6号"（AS-502）又于1968年4月4日12时（UTC）在卡纳维尔角发射上天，同样又是一次三舱一起的环绕地球的试验飞行，飞船在环绕轨道3圈后降落。这次发射没有引起公众太多的注意，因为在发射的那天，马丁·路德·金被枪杀于田纳西州孟菲斯城。而在发射的5天前，约翰逊总统宣布，他将不再寻求连任，这一连串的事件更引起美国公众的注意。

但接下来的"阿波罗7号"飞行却引起了世界的关注，因为这是"阿波罗计划"中第一次载人飞行任务，而且，美国还为这次飞行首次进行了太空船电视直播。

"阿波罗7号"的发射时间是1968年10月11日15时（UTC），发射地点是肯尼迪航天中心新的34号发射台。飞船载有三名宇航员，他们分别是指令长瓦尔特·施艾拉、指令舱驾驶员唐·埃斯利、登月舱驾驶员瓦尔特·康尼翰。这个团队也是灾难性的"阿波罗1号"的替补团队。这是美国的第一次3人太空任务。

飞船在297千米×231千米、轨道倾角为31.63°的椭圆形轨道上飞行了10天多，于1968年10月22日11时11分在百慕大西南约370千米的大西洋海面降落。

本次任务也是"土星1B号"运载火箭的首次载人发射。

三位宇航员在"阿波罗7号"上进行了各种试验，其中最重要的试验是将已脱离的仍在空间运行的火箭的第二级，当做假想的月球，试着向其靠近，以模仿登月时必需的停靠动作。

"阿波罗7号"在硬件上已经有了很大的改进，但11平方米的狭小空间的太空生活还是使几位宇航员很不舒服，3人都得了感冒。但这次任务证明了阿波罗航天器有在太空中完成任务的能力。"阿波罗7号"的成功重新使美国国家航空航天局对载人航天事业以及在1970年之前登月恢复了信心。

酝酿了10年的探月计划

"探月计划到今天，整整酝酿了10年。""嫦娥之父"欧阳自远院士介绍说，1994年我国就提出了真正意义上的探月构想，此后的10年主要是在进行论证过程，而且是"那种反反复复地论证"。

2000年10月首届"世界空间周"在北京召开，在庆祝大会上，国防科工委副主任、原国家航天局局长栾恩杰作了题为"面向21世纪的中国航天"专题发言。"我国将在无人实验飞船成功飞行的基础上，实现载人航天飞行。在空间探测方面，将实现月球探测，并积极参与国际火星探测活动，使我国的空间探测技术上升到一个更高的水平。"这是中国高层首次公开表明探月的决心。

2000年11月22日，我国政府首次公布了航天白皮书——《中国的航天》，该书所列近期发展目标中包括"开展以月球探测为主的深空探测的预先研究"。

2001年，由欧阳自远院士牵头制订的"发射绕月卫星"第一期科学目标和有效载荷配置通过国家评审。2001—2002年，孙家栋院士又组织全国各方面力量，对该目标又进行了为期一年的综合论证，最后得出的结论是目标科学明确、先进，技术能够实现，没有颠覆性的技术问题。在中国自主研发的100多个航天器中，孙家栋担任主要负责人的就有34个，2009年，孙家栋院士获得国家最高科学技术奖。

为了千年的飞天梦：嫦娥工程

绕月探测工程是一个国家综合实力的体现。2004年1月23日国务院正式批准探月工程立项，中国正式开展月球探测工程，并命名为"嫦娥工程"。这是我国自主对月球的探索和观察。整个工程分为"绕、落、回"三个阶段。

一期工程:"嫦娥一号"绕月

北京时间 2007 年 10 月 24 日 18 时 05 分,我国成功发射"嫦娥一号"。这是我国自主研制的第一颗绕月卫星。

"嫦娥一号"有四大任务:一是做月球的三维立体地图。二是探测月球资源,月球矿产资源所包含的元素、成分、分布等对研究月球的起源和演化有非常重要的意义。美国已经做了 5 种元素分析,"嫦娥一号"力争做得更多。三是探测全月球月壤层的厚度以及 ^{3}氦的资源量和分布。^{3}氦在地球上的资源严重匮乏,而月球上几乎取之不尽、用之不竭,它是可控核聚变的第二代燃料,有利于今后人类大量和平利用核能。国际上都非常关注,美国和欧洲也在考虑做。四是探测日—地—月空间的环境,这是我国第一次探测距离地球 40 万千米范围内的空间环境。

在"嫦娥一号"的整个研发过程中,我国的科研团队突破了很多技术难关,取得了很多创新。首先是变轨方案的设计:轨道的被设计为到 5.1 万千米变一次,12 万千米变一次,在 38 万千米时进入月球轨道,在离月球表面 200 千米的高空"刹车",运行速度降下来,直到速度递减到合适空间。这样的设计集中了很多人的智慧和心血,经过无数次讨论形成的,是集体智慧的结晶,也是这次发射研究中的大亮点。

"嫦娥一号"到了月球上空,必须同时实现"三定向":太阳帆板对日定向(主要目的是采集卫星需要的太阳能);仪器对月定向(便于探测研究);通信对地定向(以便传回数据)。对月定向,是一个全新的课题,科学家研制出的紫外线敏感器成功解决了该问题。除中国外,目前仅少数国家掌握这一技术。

2007 年 11 月 26 日,"嫦娥一号"卫星传回的第一幅月面图像,拍摄的是月球背面的"万户撞击坑"。

2009 年 3 月 1 日 16 时 13 分,"嫦娥一号"撞月成功,为我国月球探测的一期工程,画上了圆满句号。

二期工程：落

"嫦娥工程"的二期工程是落，即实现月球软着陆，用安全降落在月面上的巡视车、自动机器人来探测着陆区的岩石矿物成分，测定着陆点的热流和周围环境。进行高分辨率摄影和月岩的现场探测或采样分析，为以后选择适合建立月球基地的位置提供月面的化学与物理参数。

"嫦娥二号"是二期工程的技术先导星，其主要目的是为"嫦娥三号"任务实现月球软着陆进行部分关键技术试验，并对"嫦娥三号"着陆区进行高精度成像。与"嫦娥一号"相比，"嫦娥二号"有以下几个优势和进步：直接奔月，离月更近，装备更先进。

2010年10月1日18时59分57秒，"嫦娥二号"由长征三号丙火箭运载成功发射升空。2010年11月8日，国家国防科技工业局首次公布"嫦娥二号"卫星传回的月球虹湾区域局部影像图，这是"嫦娥三号"预选着陆区。该影像图的传回，标志着"嫦娥二号"实现了既定目标。我国探月工程二期"嫦娥二号"工程任务取得圆满成功！

2013年12月21日，"嫦娥三号"进入太空，14日成功软着落于月球雨海西北部。

2019年1月3日"嫦娥四号"成功登陆月球背面，全人类首次实现月球背面软着陆。

三期工程：回

探月三期工程的核心是完成无人月球表面采样并返回，将深化人们对月壤、月球形成演化的认识。通过探月工程，中国将掌握一系列探月关键技术，建立地面设施，培养人才队伍，为载人登月奠定一定的基础。三期工程预计在2020年左右完成。

中国探月工程标志的设计者是顾永。灵感源于中国书法。标志以中国书法为基础，抽象勾勒出一轮圆月。中间的两点用一双脚印代替，象征着月球探测和登上月球的终极梦想；圆弧的起笔处自然形成龙头，象征中国航天犹如巨龙腾空而起；落笔处由一群和平鸽构成，表达了中国和平利用空间的美好愿望。"我在这个作品中给观者留下一些思考空间，那对脚印可以是每个人的。"设计者如此说。整个设计既有中国元素，又有跨文化的世界胸怀。

知识库——其他各国的探月活动

截至2010年，全球共进行了127次月球探测活动，其中美国57次，苏联64次，日本2次，中国2次，欧空局和印度各1次。以上成功或基本成功的有64次、失败63次，成功率为50%。

美国在1958年至1976年共发射了7个系列54个探测器："先驱者"系列（5次发射，1次成功）、"徘徊者"系列（9次发射，3次成功）、"月球轨道器"系列（5次成功发射）、"勘察者"系列（7次发射，5次成功）、"阿波罗"系列（11次成功发射）、"艾布尔"系列（3次发射，全部失败）、"探险者"系列（3次发射，2次成功）。

苏联在1958年至1976年间共发射4个系列64个月球探测器："月球"系列（43次发射，24次成功）、"探测器"系列（14次发射，5次成功）、"宇宙"系列（6次发射，全部失败）、"联盟L3"号（失败）。

20世纪90年代以后，更多的国家开展了月球探测，共有以下7次：

1990年1月，日本发射"飞天号"月球轨道器。虽然，"飞天号"在接近月球后与地面失去联系，没有获得探测成果，但是日本仍然是第三个发射月球探测器的国家。

1994年1月，美国成功发射"克莱门汀号"月球轨道器，绘制了月球表面数字地形图，发回180万张图片。

1998年1月，美国成功发射"月球勘探者号"轨道器，进行遥感探测，于同年7月撞击月球寻找月球存在水冰的证据。

2003年9月，欧洲航空局成功发射第一个月球探测器"Smart-1"。该探测器采用太阳能离子发动机，成功完成预期探测任务，并于2006年9月撞月。

2007年9月，日本成功发射"月亮女神"（SELENE）月球轨道器。2009年6月，"月亮女神"受控撞月，结束为期2年左右的探测任务。

2007年10月，我国"嫦娥一号"成功发射，圆满完成预定探测任务，并于2009年3月受控撞月。

2008年10月，印度成功发射"月船1号"绕月卫星，对月球进行了全球成像，并进行了矿物和化学测绘。该卫星在轨工作312天后，与地面失去联系。

2009年6月，美国成功发射"月球勘测轨道飞行器"（LRO）和"月球坑观测与遥感卫星"（LCROSS），10月9日，LCROSS成功撞击月球，发现了水冰。LRO目前仍在轨道上工作。

"嫦娥"奔月，不再只是神话

在新一轮登月热潮中，中国也提出了自己的登月计划。

中国在航天领域也有举世瞩目的成就。1970年4月24日，中国用自己研制出的"长征一号"火箭在酒泉发射了中国第一颗人造地球卫星——"东方红1号"，从此进入了航天大国的行列。几十年来，中国在航天领域取得了长足的进步，自主研制出大推力的大型运载火箭并用它们为中国和其他国家发射了返回卫星、地球静止轨道通信卫星等航天器。1992年，中国启动载人航天工程。1999年11月20日，在酒泉卫星发射中心用"长征2F"运载火箭发射了"神舟号"试验飞船，21日在内蒙古安然着陆，这为中国的载人航天事业迈出了重要一步。这标志着中国在美国和俄罗斯之后，已经掌握载人航天这个航天领域中难度最大的技术。

在这样的背景下，中国在1994年开始进行探月活动的必要性和可行性研究，1996年完成了探月卫星的技术方案研究，1998年完成了卫星关键技术研究，以后又开展了深化论证工作。

2000年11月，中国发表了《中国的航天》白皮书。正式提出将"开展以月球探测为主的深空探测的预先研究。"2002年8月13日，中国正式对外宣布将开展月球探测工程。

2004年1月23日，中国探月一期工程——绕月探测工程正式立项，自此，中国探月工程正式启动。

2006年2月9日，中国政府发布《国家中长期科学技术发展规划纲要(2006—2020)》，将探月工程列为国家中长期科技发展的重大专项。

人类对月球的探测已有几十的历史。概括起来，人类的无人探月活动主要经历了五个阶段：

(1) 掠月探测。月球探测器从月球近旁飞过，在掠过期间用各种探测设备对月球表面进行探测。

（2）硬着陆探测。月球探测器直接撞击在月球表面，在坠落前的瞬间，可对月球表面进行近距离、高分辨率摄像，也可以测试月表的硬度等。

（3）绕月探测。月球探测器进入到环绕月球飞行的轨道，成为月球的卫星，在100千米至数百千米的高度上，在较长的时间里，对大部分月面进行系统的探测。

（4）软着陆探测。探测器在月球表面软着陆，然后进行原位探测，或采用月球车在月面上巡游，对大范围的月面进行现场考察。

（5）自动采样并返回。探测器在月球上软着陆，自动采集月球岩石和土壤样品并返回地球，然后在实验室对样品进行精细的分析研究。

中国的探月工程以高起点起步，越过前面两个阶段，直接从绕月探测开始对月球进行探测。最终确定的整个探月工程分为"绕""落""回"三个阶段。

第一步为"绕"，即绕月飞行，原计划第一颗月球探测卫星"嫦娥一号"于2007年4月发射。第二步为"落"，时间定为2007—2010年，即发射月球软着陆器。第三步为"回"，时间定在2011—2020年，即不仅能落在月球上，还要能重新回到地球。这三步走完后，中国的无人探月技术将趋于成熟，中国人真正登月的日子也不远了。

经过几年的研制，2005年12月，"嫦娥一号"卫星和运载火箭进入生产阶段，测控、发射场和地面应用系统进入系统集成和联试阶段。

2007年8月，绕月探测工程转入发射实施。

10月24日18时05分，"嫦娥一号"卫星由"长征三号甲"运载火箭在西昌卫星发射中心成功发射升空。火箭点火24分钟后，星箭分离，将卫星送入近地点高度205千米、远地点高度50 900千米，周期约16小时的超地球同步转移轨道。实现了准时发射、准确入轨的目标，取得了发射阶段的圆满成功。

10月25日17时55分，"嫦娥一号"在16小时轨道远地点顺利实施了第1次远地点加速，将卫星近地点高度由205千米提高至593千米。

10月26日17时33分，卫星飞行至16小时轨道近地点顺利实施第1次近地点加速，将卫星送入周期为24小时、近地点高度593千米、远地点高度7.16万千米的停泊轨道。

10月29日17时49分，卫星飞行至24小时轨道近地点，顺利完成了第2次近地点加速，将卫星送入远地点高度11.98万千米、周期为48小时的大椭圆轨道。

10月31日，嫦娥一号卫星顺利完成调相轨道段的飞行，实施了第3次近地点加速，将远地点高度提高至40.5万千米，按预定的时间、位置、速度成功进入地月转移轨道，标志着"嫦娥一号"卫星开始进入奔月之旅。

11月2日，顺利完成轨道修正，原设计的3次轨道修正由于变轨控制准确，取消了2次。

11月5日，"嫦娥一号"卫星首次飞达近月点，顺利实施第一次近月制动，卫星成功被月球捕获，进入周期为12小时、近月点210千米、远月点8600千米的月球极轨椭圆轨道，标志着"嫦娥一号"已经成为一颗绕月卫星。

11月6日、7日"嫦娥一号"卫星顺利完成第2次和第3次近月制动，成功进入过月球南北两极，经过轨道周期127分钟的圆轨道。通过3次制动，"嫦娥一号"相对月球的速度共减小约848米每秒，从近月点高度212千米、远月点高度8617千米的椭圆轨道调整为轨道高度约为200千米的圆形轨道。

至此，"嫦娥一号"经过326个小时、约180万千米的长途飞行后，最终成功进入环月工作轨道。

"嫦娥一号"卫星两米见方，太阳翼展开后，最长可达18米，起飞重量为2350千克。"嫦娥一号"卫星由卫星平台和有效载荷两大部分组成。卫星平台利用"东方红三号"卫星平台研制,科研人员对其结构、推进、电源、测控和数传等8个分系统进行了适应性修改。有效载荷包括 CCD 立体相机、成像光谱仪、太阳宇宙射线监测器和低能粒子探测器等科学探测仪器。主要任务是获取高清晰度的月面三维立体影像、分析月面有用元素含量和物质类型的分布特点、探测月球土壤厚度、检测地月空间环境。其中前3项是国外没有进行过的项目。

"嫦娥一号"的设计寿命为1年。

2007年12月2日,中国国家航天局公布"嫦娥一号"拍摄回来的第一幅月面图,它位于月表东经83°到东经57°,南纬70°到南纬54°。图幅宽约280千米,长约460千米,为一幅三维黑白影像图,系由"嫦娥一号"卫星在11月21日、22日所采集,11月23日传回地面。

几天之后,中国又公布根据卫星传回数据制作出来的月球立体图。这标志着"嫦娥一号"的探测活动取得初步的成功。

2019年1月3日,"嫦娥四号"实现人类首次月球背面软着陆,这是一个伟大的成就。如果一切顺利,中国将能在2020年左右按计划发射可以自动返回地球的返回器。那时候,也许嫦娥就不必后悔偷了灵药了,因为她当年吃下的奔月不死药将不再是一张单程票。

探月后，人类的种种疑问

1954年，美国《纽约先驱论坛报》公布了一个令人震惊的消息：在月面的危海发现了一座巨大的桥形建筑物，全长近13英里（约1.6千米）。这一发现得到了很多天文学家的确认。

那真是一座"桥"吗？

英国皇家天文学会月面研究所所长威尔金斯博士在广播节目中发表了自己的看法："那个桥形物似乎是建造而成。"进而他又对听众的疑问——"如果是建筑物的话，能谈得更具体些吗？"做了回答："说它是建筑物也就是说它是运用了某种技术建造而成的。"他补充说："那座桥还在月面上留下了投影，看上去与一般的桥没什么两样。"

在这次广播中，威尔金斯博士不仅只字未提这座桥是"自然形成的东西"，而且还多次强调它"似乎是人工建成"。

他对月面的危海情况了如指掌，但过去那里并不存在这座桥，这也是事实。因此，他推测，这座桥很有可能是来自其他行星的"人"在近年内建造的。

不仅如此，这种智慧生物还陆续建造了四角形或三角形的壁状物，甚至还建造了圆顶状建筑物，它们在这里出现又在那里消失。这难道不是来自其他行星的智慧生物的特意所为吗？

苏联人在月面上发现了"塔状物"，这对美国航空航天局和白宫无疑是一次巨大的震撼。然而，就在同年，即1960年11月20日，美国"月球轨道环行器1号"在执行月球探测任务时，也发现了月面"塔状物"。根据该环行器的观测，美国人称之为"金字塔"。发现的地点就是人类在月面首次留下脚印的"静海"。环行器拍摄的照片显示，那些金字塔有些像埃及的金字塔。

科学家们分析这些照片后得出了结论：这些金字塔的高度为40～75英尺（12～22米）。而苏联科学家对此高度的估计要大得多，比美国科学家估计的要高出3倍，即至少125英尺（38.1米）以上，相当于地球上一幢15层左右的大厦。前苏联空间工程学家亚历山大·阿布拉莫夫也研究过"月球轨道环行器2号"所发回的照片，他认为这些金字塔的排列方式总在发生变化。他计算出这些金字塔的建造角度，运用几何学的原理进行了详细的分析，其结果令人震惊：这些金字塔与人们所熟知的"埃及金字塔三角"的排列方式完全一致。在阿布拉莫夫看来，月面上被确信为人工所为的建筑物，竟然与地球上考古学家和历史学家所熟悉的埃及金字塔的构成方式完全相同，看来这很难用"偶然"一词加以解释。

　　这些金字塔位于月球的静海，而后来"阿波罗计划"所选择的登陆点正是静海。这看起来不像是某种巧合。美国航空航天局不会不知道月面金字塔所处的位置。这些金字塔的拍摄时间比"阿波罗计划"要早3年，航空航天局试图向公众表明，他们并不知道，这些金字塔是自然形成还是人为建筑的，并认为有必要进行研究，然而他们为何当时不公开这些发现呢？显然，"阿波罗计划"的登月点选择在静海，其主要目的便是试图揭开这个谜底。

　　我们知道美国人对这次旅行采用了形似天文镜大小的微型导线及银质板，上面用特别方法标有以下材料：用74种语言向外星文明的呼吁、人权宣言中的摘录、埃森那哈会议通过的空间宇航法典摘录、美国总统的呼吁和美国航空航天局的呼吁及无线电波。

　　"阿波罗计划"中第一次载人登月成功的是"阿波罗11号"，其载员是阿姆斯特朗、奥尔德林及考林斯。

当"阿波罗 11 号"到达月球轨道时，机舱内只留下了考林斯，而登月舱"猎户星"将阿姆斯特朗和奥尔德林送上月球表面后，双方通过双波双通道联系。其中一个主要通道伴有电视传真，第二通道为备用，同时美国航空航天局也可以接收到信号。

这些信号澳大利亚及瑞士的无线电爱好者也同样可以接收到。当他们刚一接触月球表面时，阿姆斯特朗就在话筒里叫喊起来："见鬼，我真想知道这究竟是什么？就在我们面前，在旁边有一个火山口，有几个宇宙飞船停放在那里。飞船非常大，而且在监视着我们。"接着他嘶哑地喊叫起来："请发令给考林斯，作起飞准备。"再说那位较为平静、不易激动的奥尔德林，他开动了主通道，着陆后抓起无色的月球土壤。他还拍下 16 毫米的彩色影片，记下了所有的情节。奥尔德林用主通道转播了一切，并开动了备用联系通道。在备用通道里他说道："我看见了某些自由发光的石块。"

这些现象孰真孰假，也许只有等到我们能够直接深入到月亮之中时，谜底才能被破解。

鲜为人知的月球奥秘

开拓月球的诱人前景

人类超越地球，到太空去，到别的星球去考察、去定居，这已不再是神话或科学幻想，而是即将开始的行动。

开辟通天路，架起星际桥，这是开拓天疆的先行行业。21 到本世纪末，将有在地球与近地轨道之间航行的新型航天货运和客运机问世。大载容量、舒适安全的客运和廉价的货运服务将逐步普及，为人们提供去太空观光、娱乐和休养的机会。

在近地轨道，围绕月球和火星的轨道，以及地球与月球之间的自由点上，将在今后 35 年内陆续建成太空港。太空港是空间客货运的转运站，其间将有巡天航船常年巡回飞行，又有转运飞行器像驳船一样在太空港与巡天航船之间接送货物和人员。

21 世纪初期，近地太空港将建成。到 2020 年左右，火星太空港有可能建成，形成一个完整的航天运输网络。人类的航天活动，到月球、火星的考察，将进入一个新的阶段——不再是冲刺式的而是较长期的、系统的考察，并进而在那里定居。

人类频繁地进入太空，到地球以外的星球上定居，将为深入考察太阳系和整个宇宙创造前所未有的有利条件。宇宙的演化，生命的起源，黑洞的假设，重力波的存在，地球以外的生物体，这些困惑着人类的重大科学问题，将会在开拓天疆的道路中找到更加令人满意的答案。人类可以离开地球，以旁观者的身份对地球上的大陆漂移、火山、地震、大气进行观测、预报。

由于到更广阔的太空里去研究，物理学、化学、生物学、天文学和天体物理学一大批学科都会有新的发现和突破，将把科学推向新的前沿。

开办太空企业，这是更有吸引力的、直接造福人类的事业。在宇宙空间物质结合的方式和地面上不一样。在地面上的实验室里，有好些金属无法相互融合，可是在宇宙空间却办到了。而且当它们重新被带回地球时，仍能保持结合的状态。例如铝和钨就是如此。在空间生产的耐火材料既耐高温又轻巧。

当今，尖端工业的发展急需新的合金。拿制造汽车和飞机为例，只有减少车身和机身的重量，才可以降低能源的消耗。另外，工业生产还需要新型的电子材料。尽管这些年来，人类在这方面已取得了极其可观的进展，但专家们仍不满足，因为在地面炼出的晶体还不十全十美。如果在宇宙空间就可做得好得多。

宇宙实验室有着无可比拟的优点。比如那里工作条件的特点是高温和低温同样无需代价，在日照的一面，卫星的温度可达80℃，而阴影处为-60℃。

更理想的是把一件东西放在卫星里，使它不受地球、月亮或是太阳的任何辐射，它的温度就可降到接近绝对零度。可是在地球上，创造低温的费用很昂贵，而且要消耗多少能源啊！

人们常说物质有一个固体状态，事实上物质有两种固体状态。这是两种性质截然不同的固体，在地面上从来没有完全实现过。当物质处于液态时，分子在十分混乱的状况下运动。当这些运动着的分子突然被冷却，它们就会僵住不动。并保持被突然冷却时的状态，这就形成了第一种固体状态——玻璃体。但人们也可设法使液体分子不仅停止运动，并排列起来，形成有规则的立体结构：梅花形。这就是晶体，固体的第二种形式。

在地球上，我们生产的所有固体是介乎以上两种固体之间的东西，没有一块玻璃或一块晶体是真正纯的。但是在太空，由于人们可以十分精确地控制分子的运动，所以能制造出名副其实的、性能超群的玻璃和水晶。

空间还有另外一个惊人的好处可以利用。在地面上必须用坩埚来熔炼金属，但坩埚对金属的质量会产生影响。埚底的沉淀物会污染锅内最末一批产品。但在失重状态下的太空，坩埚就不需要了，熔炼的物质都飘在空中。因此，在宇宙空间，能炼成完美无缺的合金，像金锗合金、铅锑合金、铅锡铟合金等。它们甚至可以给许多工业部门，包括电子工业带来翻天覆地的变化。

同样，随着新的玻璃问世，可以影响整个光学领域，如照相、电影、电视、望远镜、显微镜。

太空企业得天独厚，将激励一代代天才般的事业家去开发，发现新机会，创建新企业，生长出一条从天上向地球输送资源和财富的脐带。

在月球上建立人类小区

作为人类唯一的、庞大而稳固的"天然空间站",月球也是人类征服太阳系、开展深空探测的前哨阵地和转运站。

在月球上建立小区是全人类的一个共同的梦想和愿望,因为人们必须要征服月球,必须要把月球纳入到地球的人类发展的轨道上来,所以人类要在月球上建立月球村。月球小区的概念是一大片,这是一种误解。月球基地是要建的,但是月球基地建立前必须寻找出一个最富集的资源地区,必须找到一个最合理利用的一个地块,然后就像建空间站一样,一样一样地发射。关于建月球基地或者说居民小区这样的计划,世界上很多国家都有,很多科学家在研究,怎么做最省钱最快,这些方案也都有,能源用什么,怎么开发等,这并不是很难的事情,难的是实施这个事情。首先地球要有需求,第二那个地方要真正能站得住脚,究竟有多大的规模。这必然是一个国际合作的项目,就像空间站一样,大家来凑份子,发挥各自的特长,把这个基地建好。这个基地倾向于叫月球基地,也就是集研究、开发、利用于一体,在基地里头就像人在地球一样自由自在地生活下去,因为它各种各样的功能包括大气压、氧气、水、生活用品等一切东西都是和地球上一样的。但这可能是2020年以后的事情。

自古以来,人类就幻想在太空建造琼楼玉阁。随着人口的急剧膨胀,地球上的生存空间将越来越小,因此,早在1988年初,美国总统里根就向国会提出

拨款1100亿美元,在月球上建设"定居地"的计划。美国航空和太空总署曾制订了一份详细的开发月球计划,计划在月球上试种农作物;2020年,在月球上建立科研基地;2025年,兴办月球农场和月球工厂,进行月球城市建设;2040年,在月球南极的环形山中建月球镇;2050年,大规模移民定居月球镇。1988年,日本已着手研究如何在月球上建造一座容纳10万人的月球城的设想。美、俄等国在太空中种植粮食、水果、蔬菜的成功,为人类定居月球提供了有利前景。为解决移民用水,美国宇航局在1988年1月6日,发射的"月球勘察者号"机器人探测器已证实月球上存在大量的固态水,总储量达0.11亿~3.63亿吨。主要分布在月球上北极区5万平方千米和南极区近2万平方千米的范围内,且北极区的储水量约为南极区的2倍。月球上有水,将大大加快人类定居月球的进程。

　　随着人类探月计划的不断实施,人类将获得更多月球样本,人类对月球的了解也会越来越多。